Мои любимые фракталы

тома 2

автор Дэвид Э. МакАдамс

Изображения в этой книге были созданы с помощью Fractal Forge. Fractal Forge можно загрузить с https://sourceforge.net/projects/fractalforge/.

Другие книги Дэвида Э. МакАдамса

Попугай цвета — Введение в концепцию цветов с использованием рисунков попугаев. Для дошкольников.

Цвета цветов — Введение в концепцию цветов с использованием рисунков цветов. Для дошкольников.

Цвета космоса — Введение в концепцию цветов с использованием фотографий из НАСА. Для дошкольников.

Формы — Введение в формы. Для дошкольников.

Numbers (По-английски) — Введение в концепцию чисел. Для классов K-2.

What is Bigger Than Anything? (Infinity) — Введение в концепцию бесконечности. Для 1–3 классов.

Swing Sets (Sets) (По-английски) — Введение в теорию множеств. Для 2–4 классов.

One Penny, Two (По-английски) — Если пенни Джерри будет удваиваться каждый день, сколько времени пройдет, прежде чем он сможет купить темно-зеленую спортивную машину? Для 3–6 классов.

Learning With Play Money Activity Kit (По-английски) — Обучайте большим числам и счету с более чем 1 000 000 долларов в виде игровых денег.

Мои любимые фракталы (тома 1, 2) — Иллюстрированные книги с чудесными фракталами, представленные в виде изображений с высоким разрешением. Для всех возрастов.

All Math Words Dictionary (По-английски) — Математический словарь для студентов, изучающих предыдущую алгебру, алгебру, геометрию и предыскажения.

Первый миллион цифр числа Пи -— Первый миллион цифр числа Пи. Для всех возрастов.

Первый миллион цифр числа Эйлера — Первый миллион цифр числа Эйлера e. Для всех возрастов.

Квадратный корень из 2 до миллиона цифр — Первый миллион цифр квадратного корня из 2. Для всех возрастов.

Первые сто тысяч простых чисел — Первые сто тысяч простых чисел. Для всех возрастов.

Развёртка многогранника проектная книга — 80 геометрических сетей для копирования, вырезания и склеивания в трехмерные многогранники. Для детей от 9 лет.

Geometric Nets Mega Project Book (По-английски) — 253 геометрические сети для копирования, вырезания и склеивания в трехмерные многогранники. Для детей от 9 лет.

Актуальный список см. на сайте https://www.DEMcAdams.com.

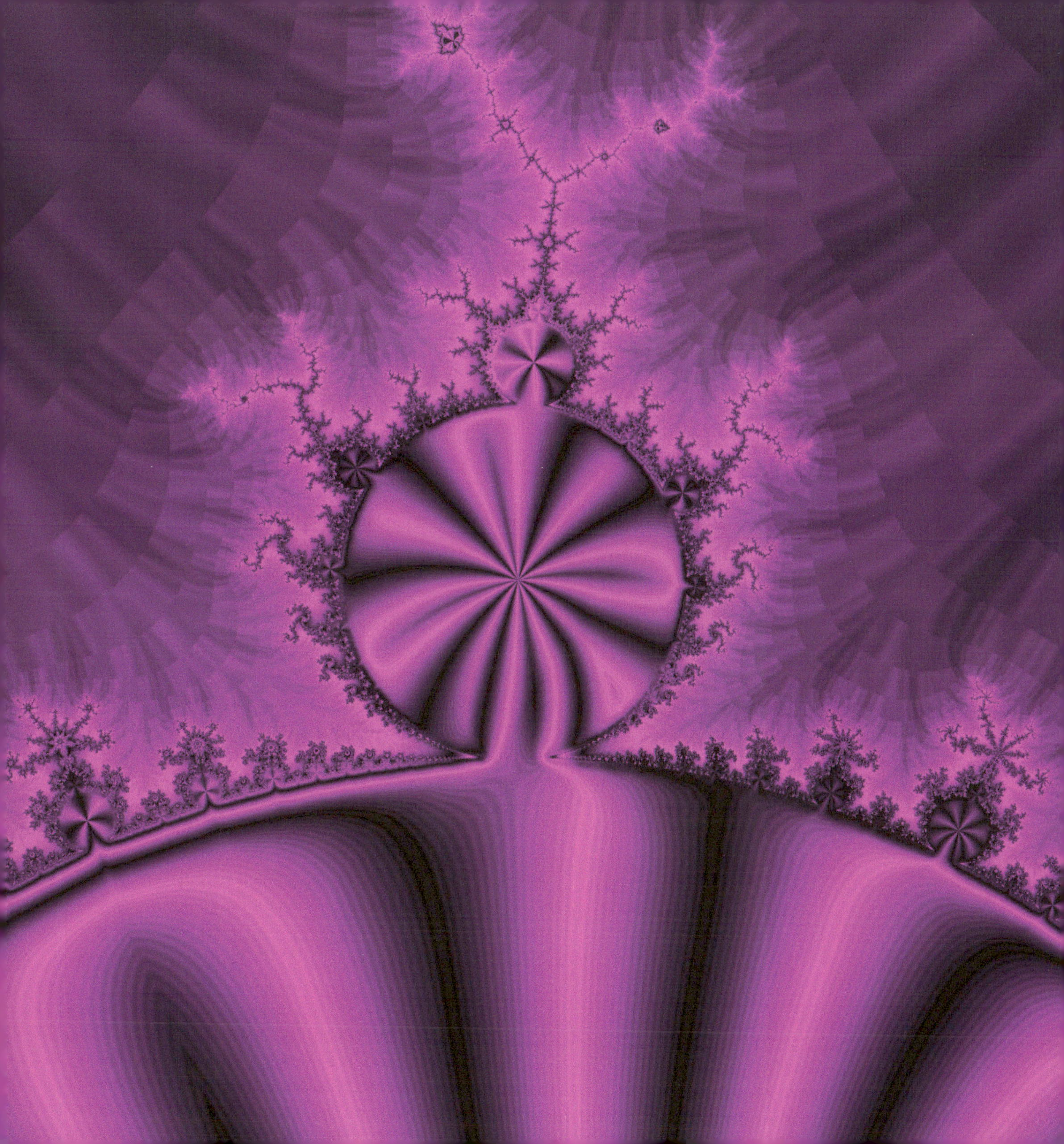

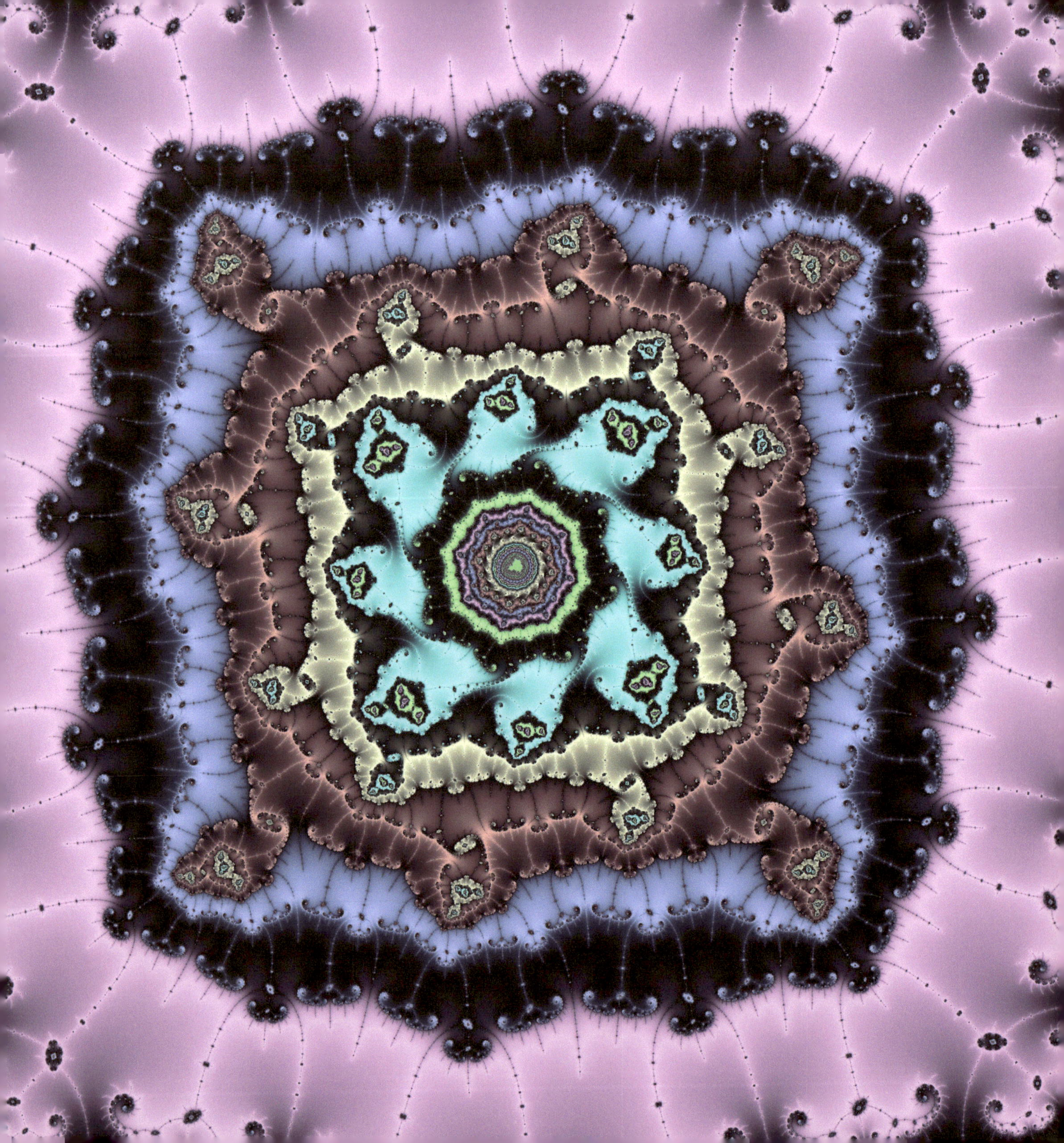

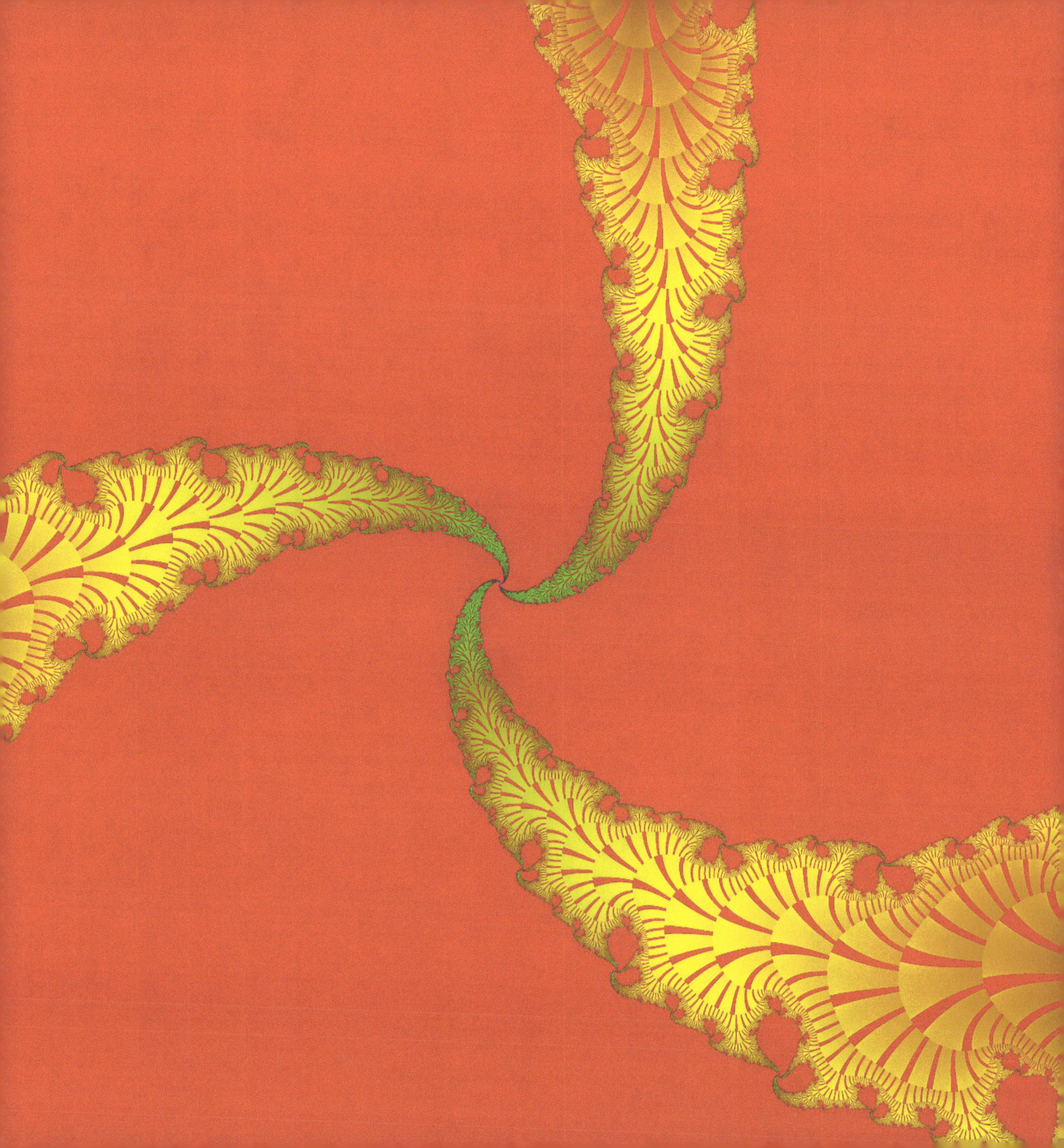

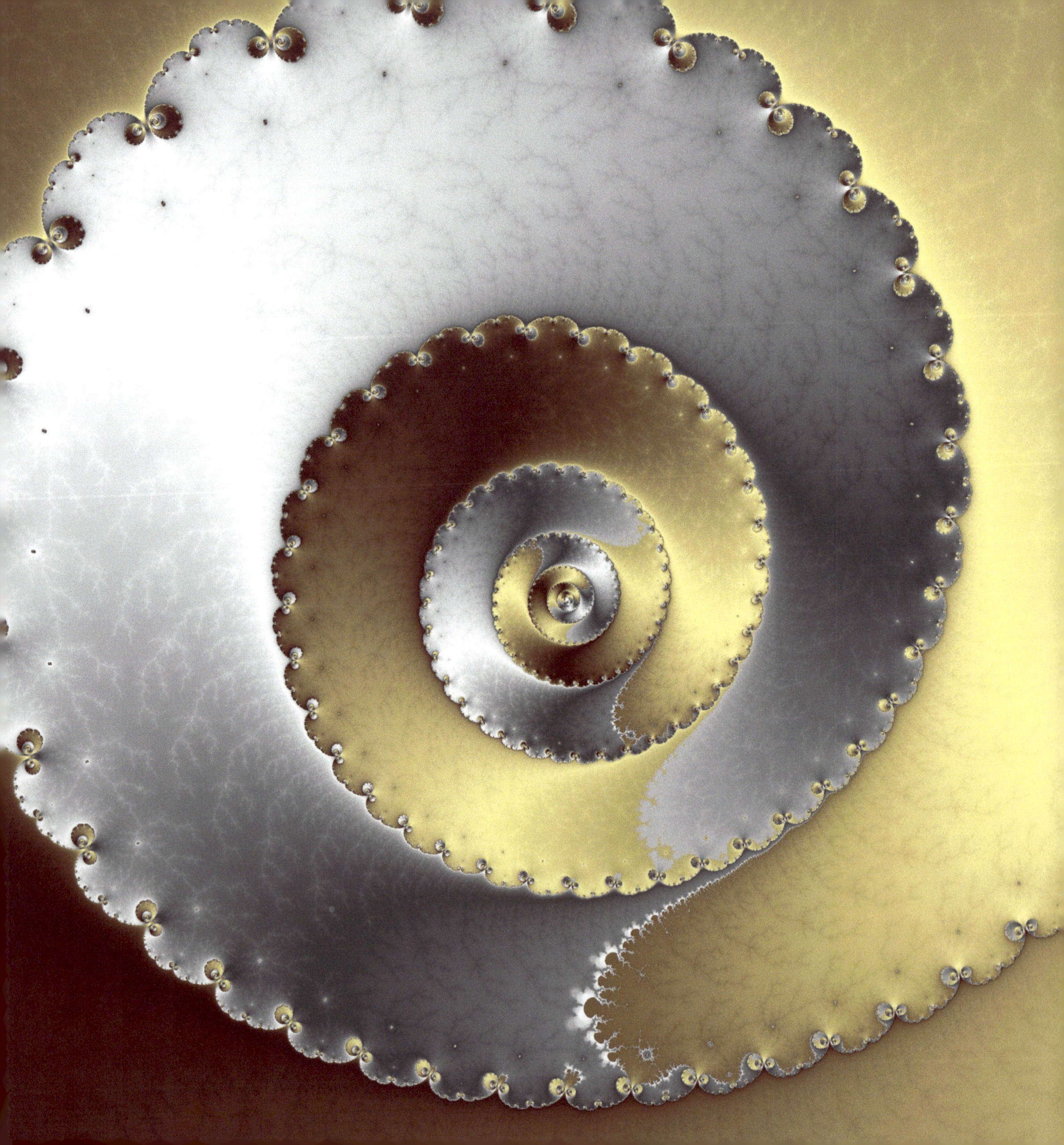

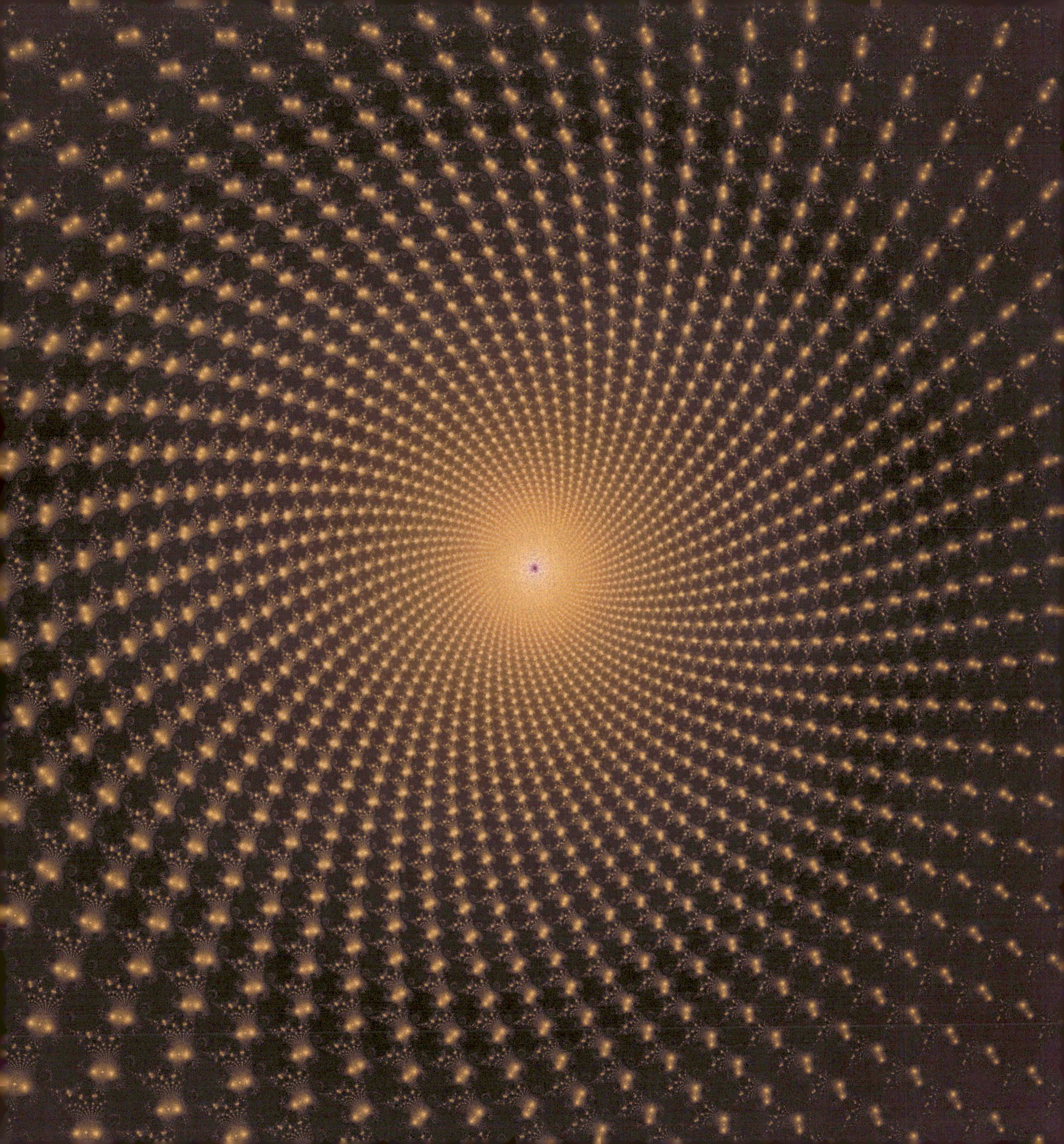

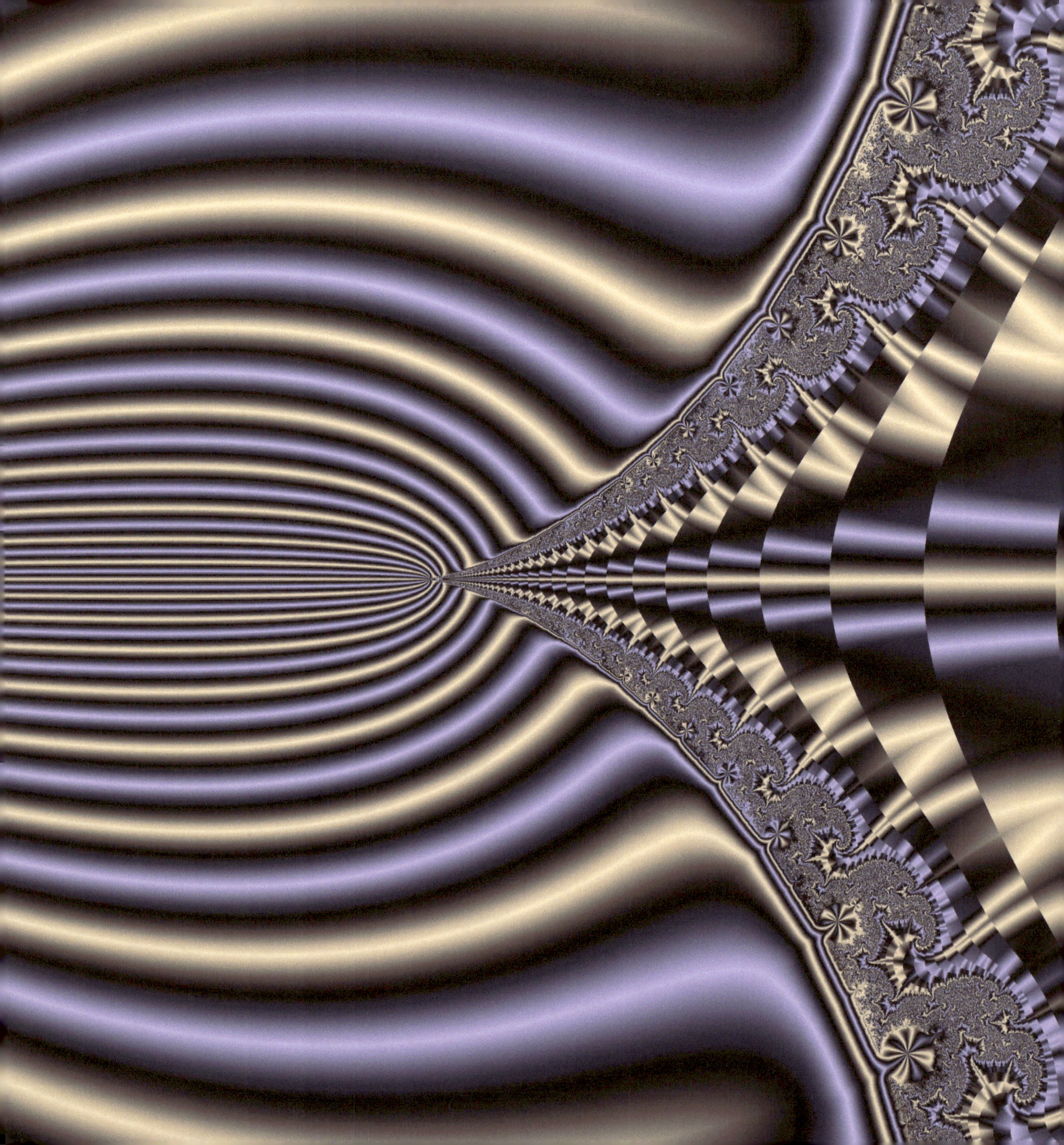

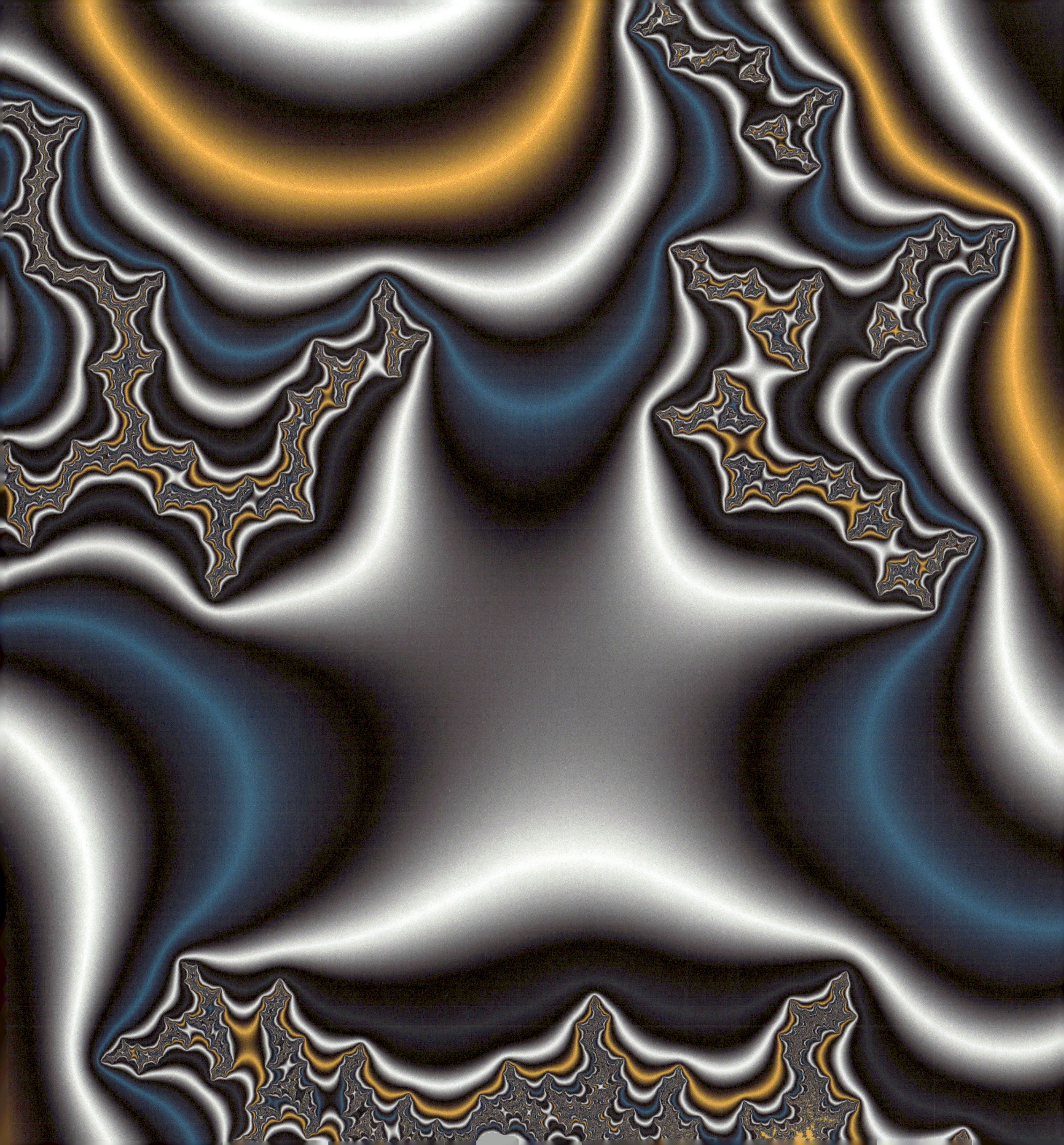

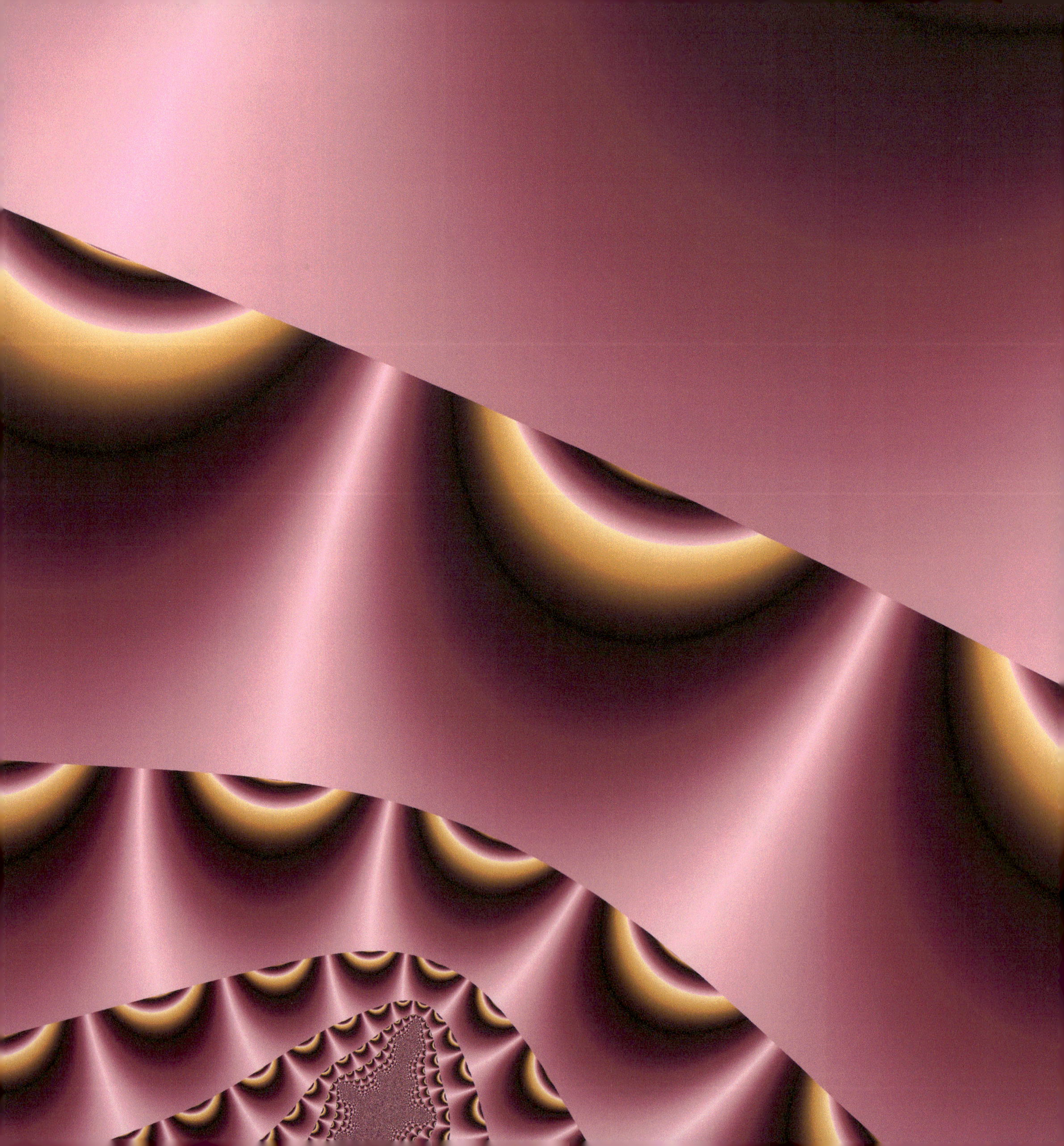

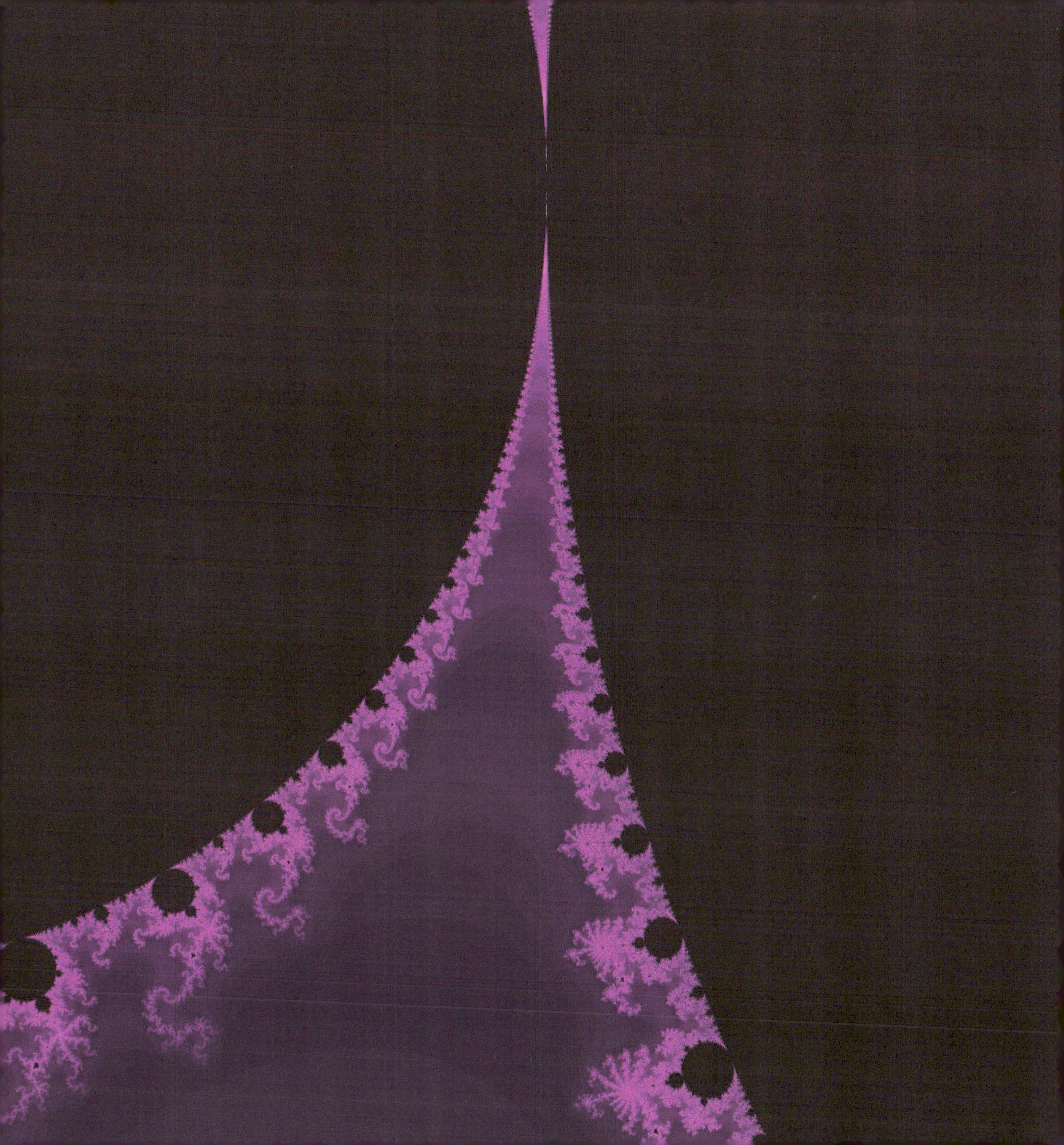

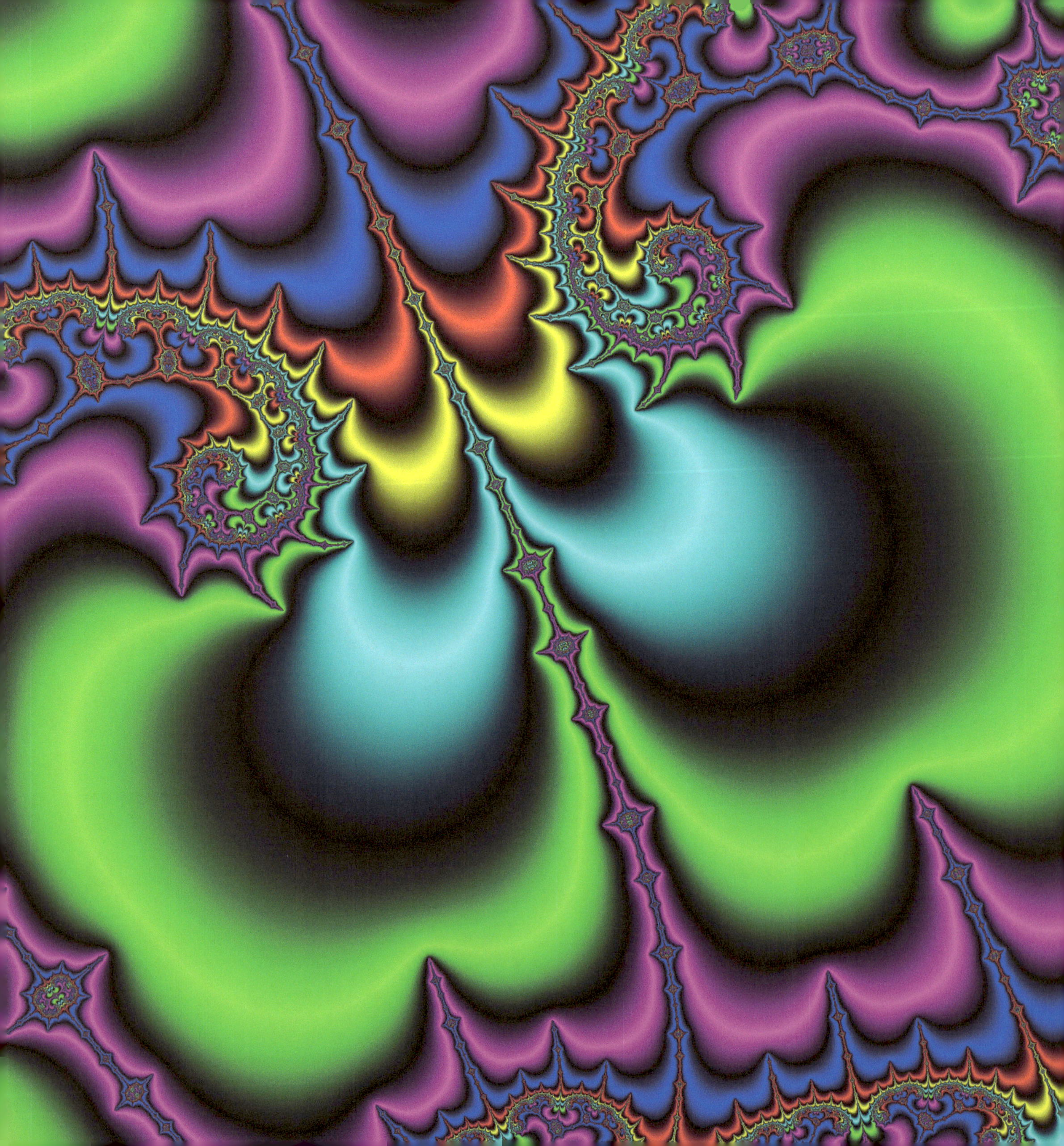

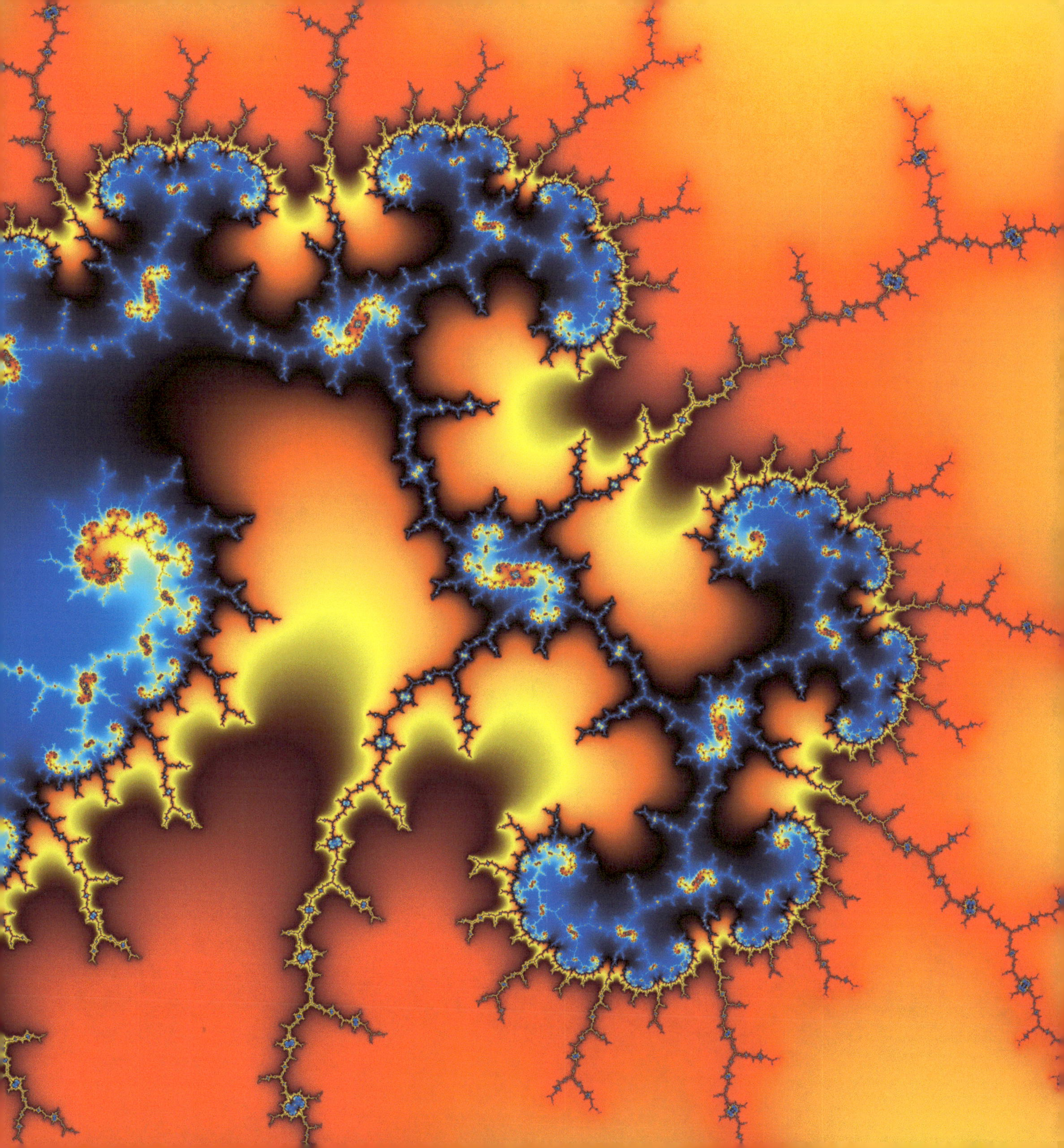

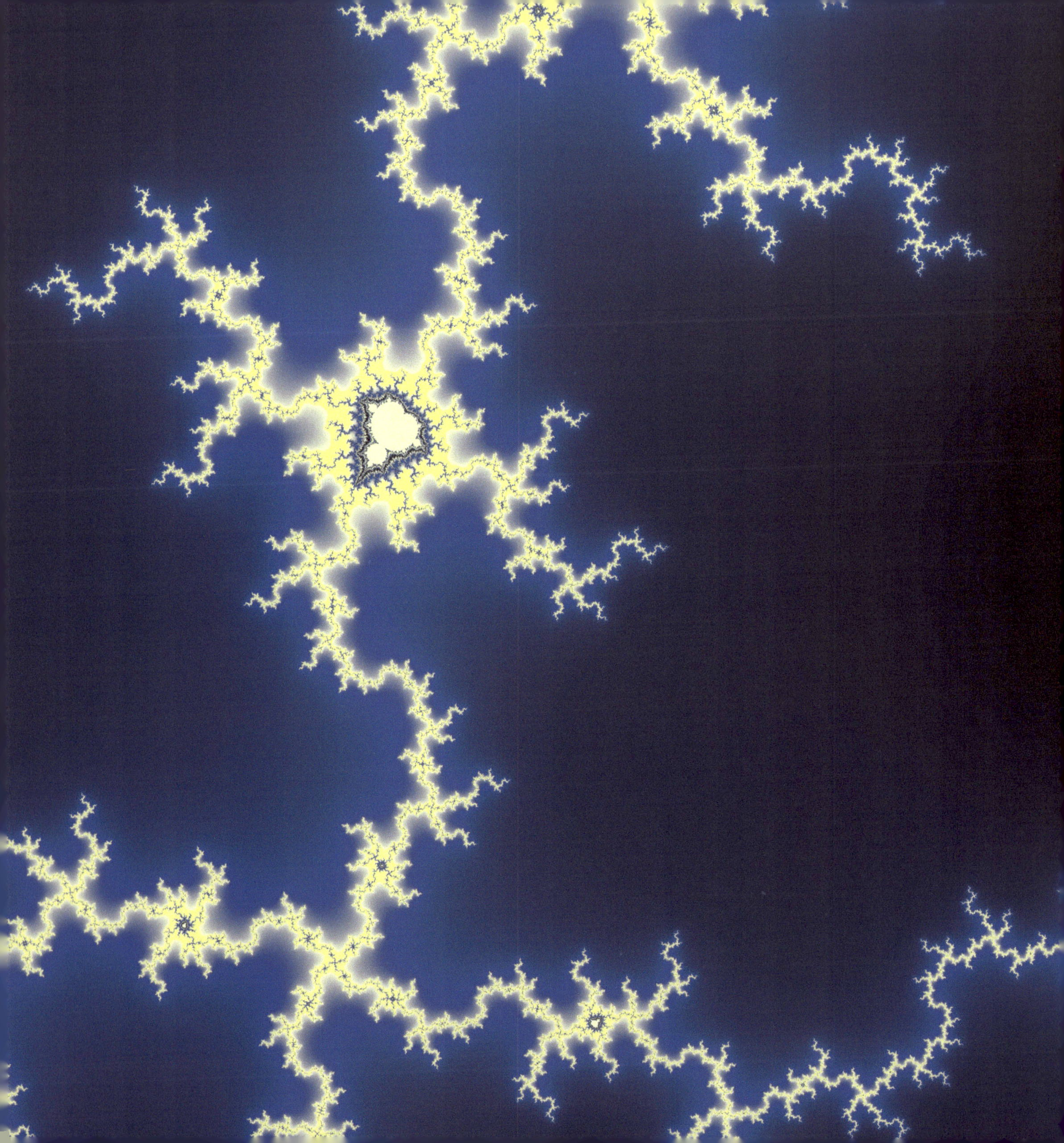

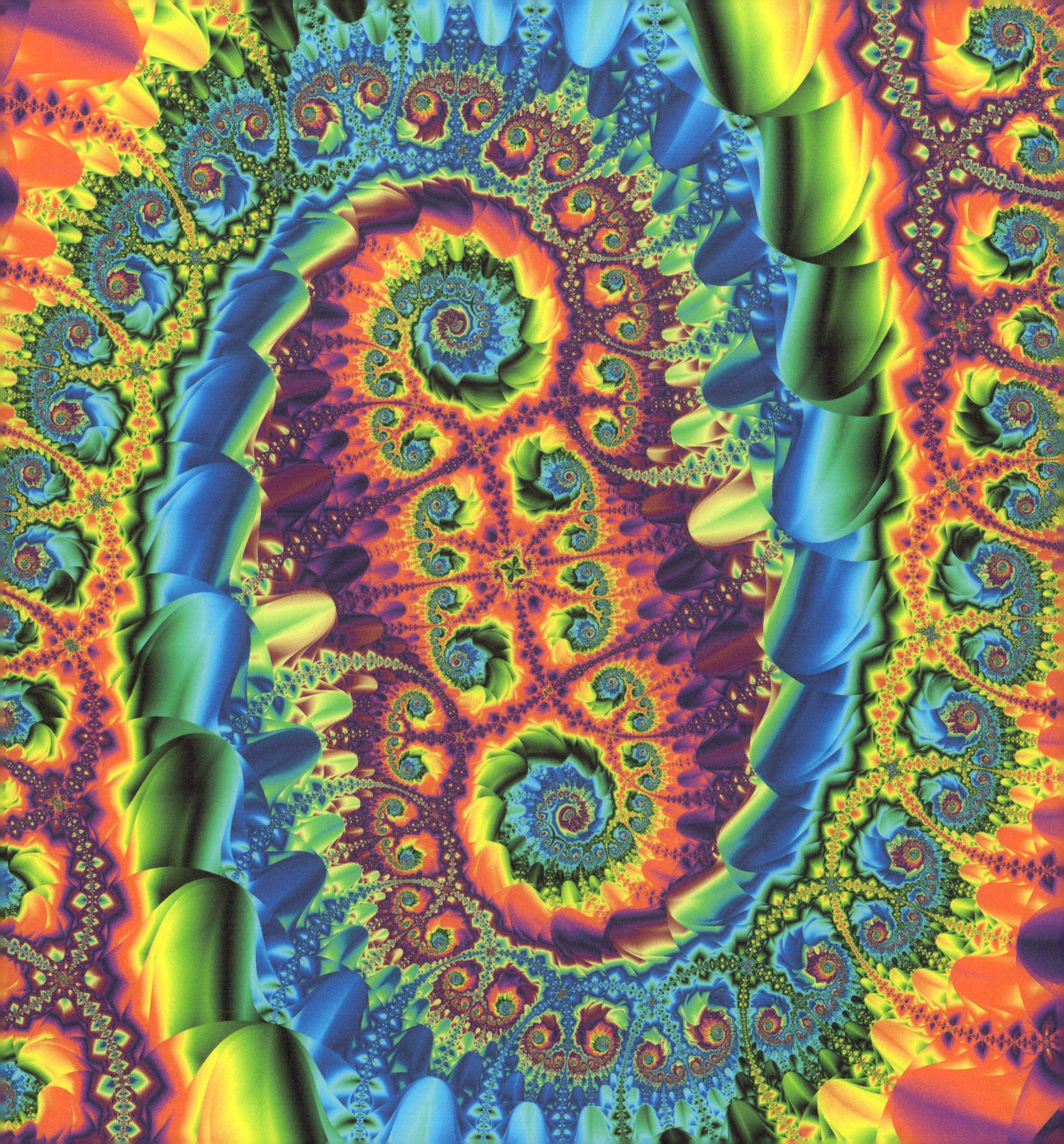

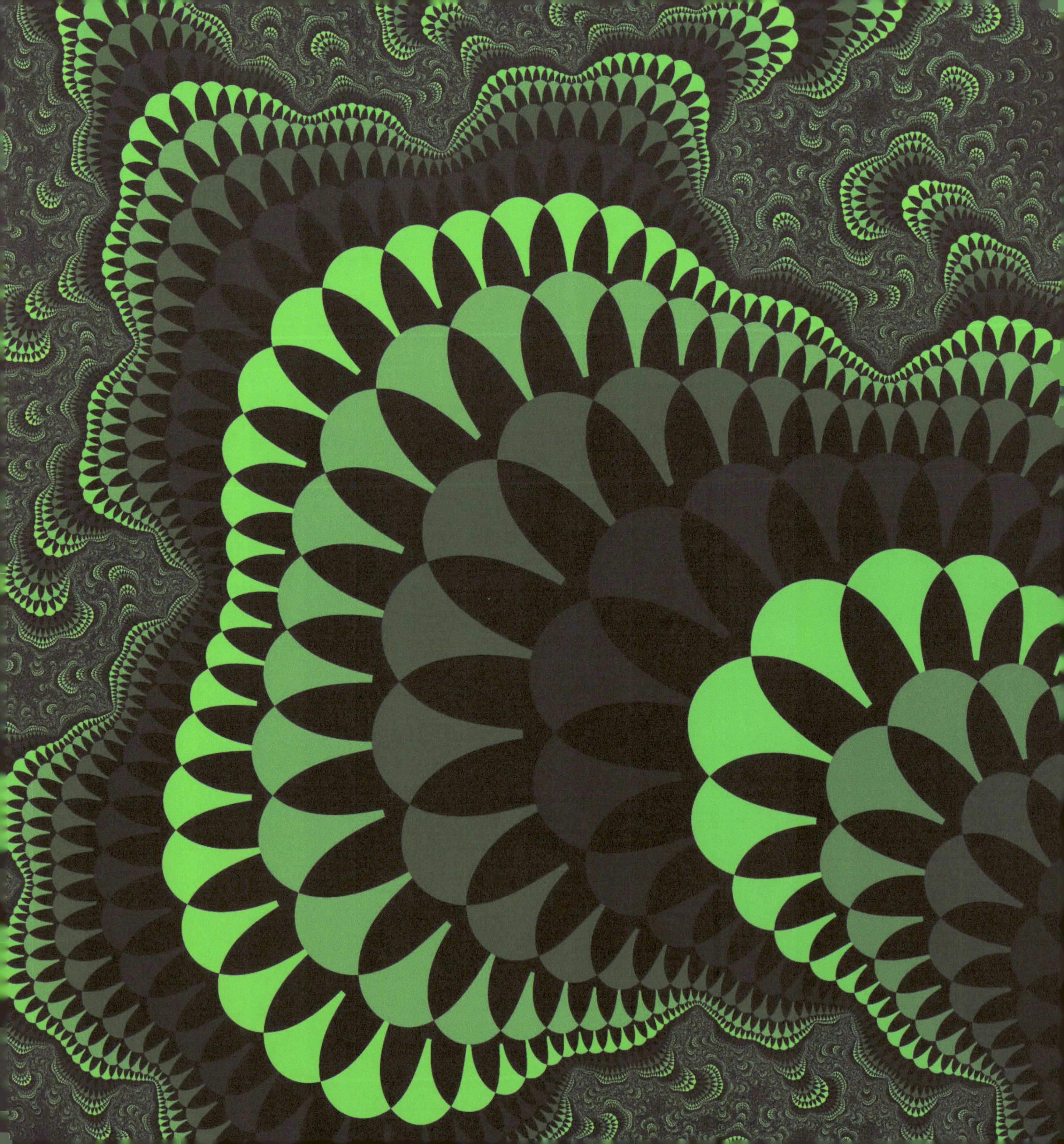

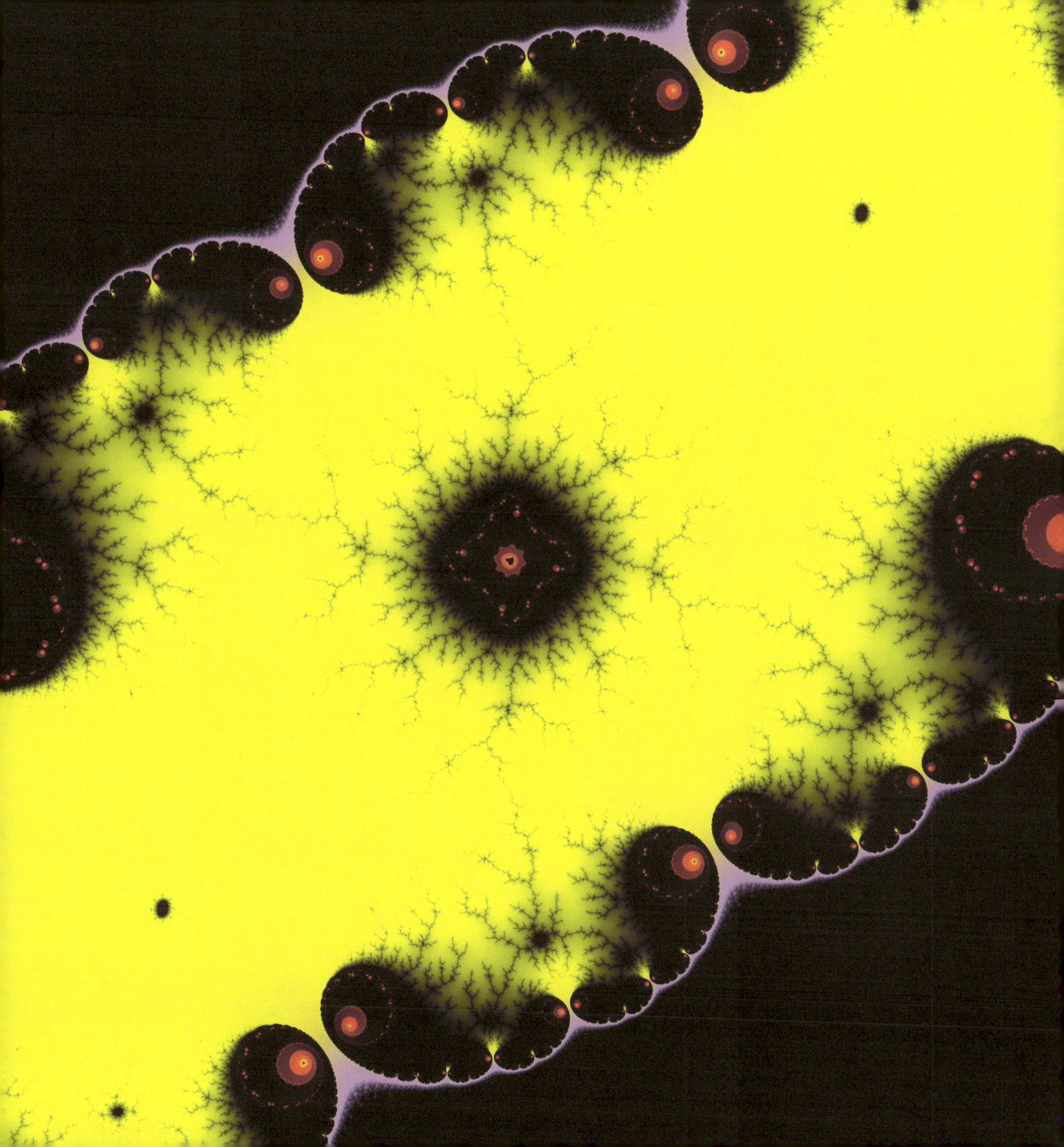

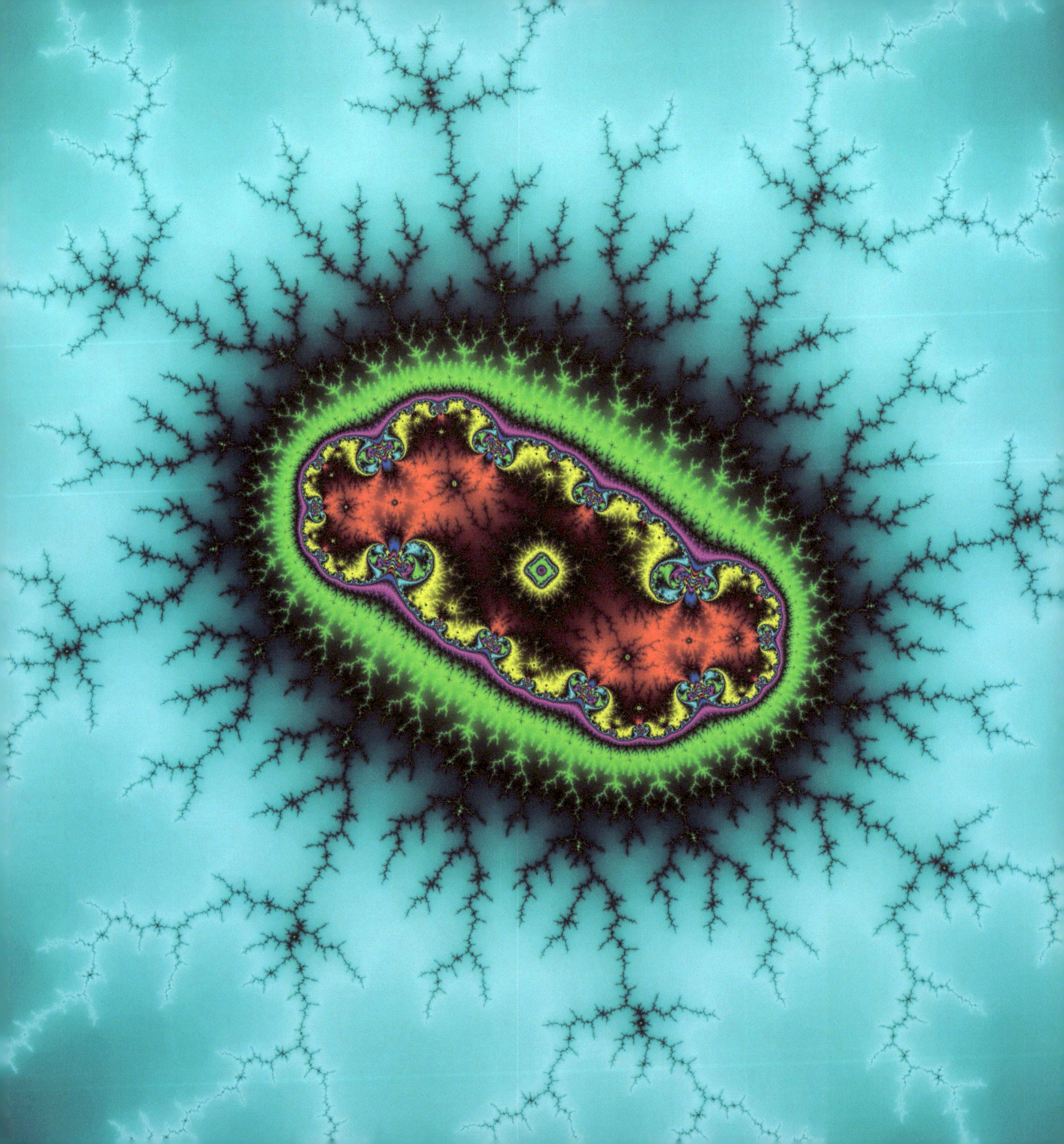

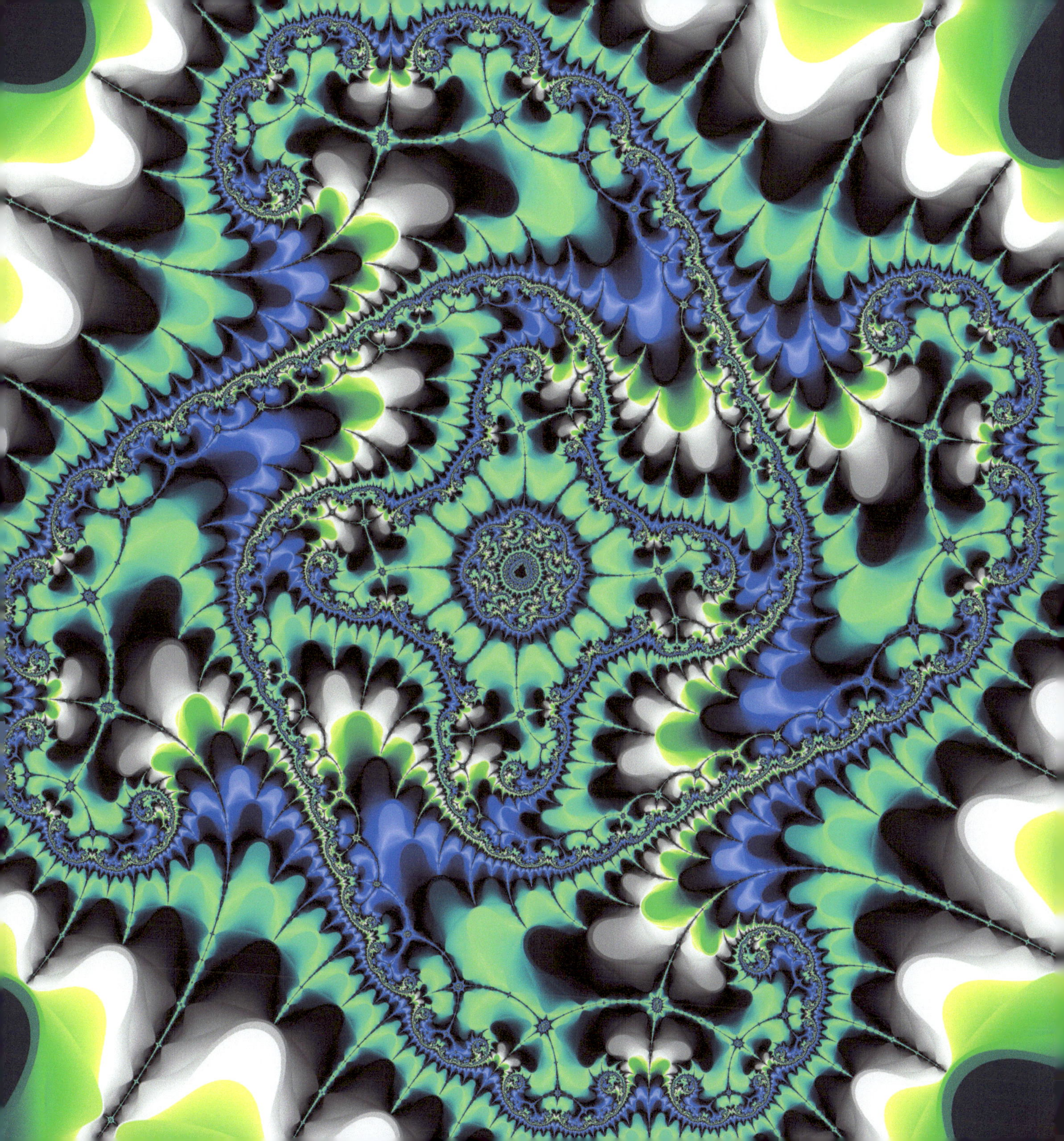

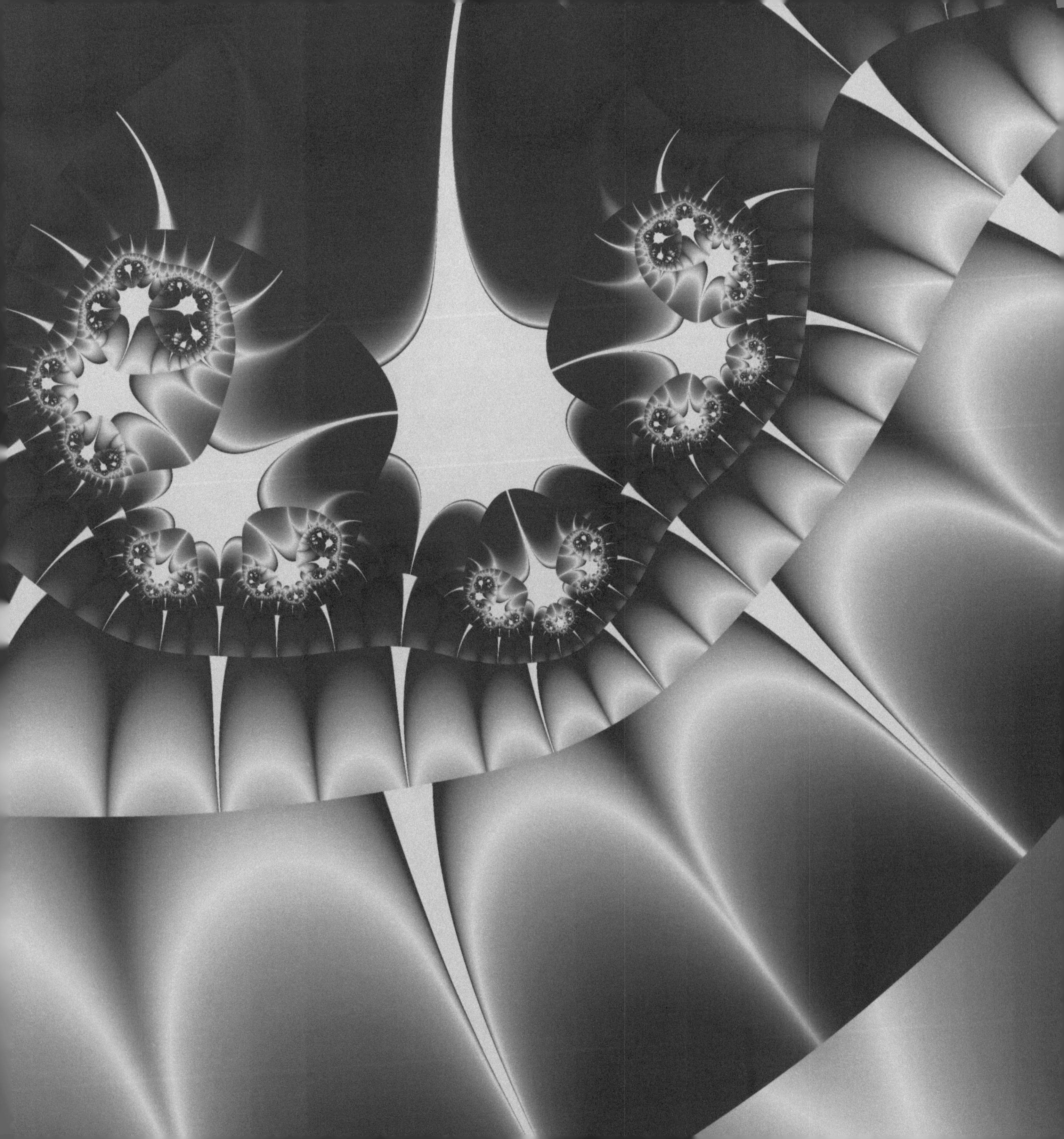

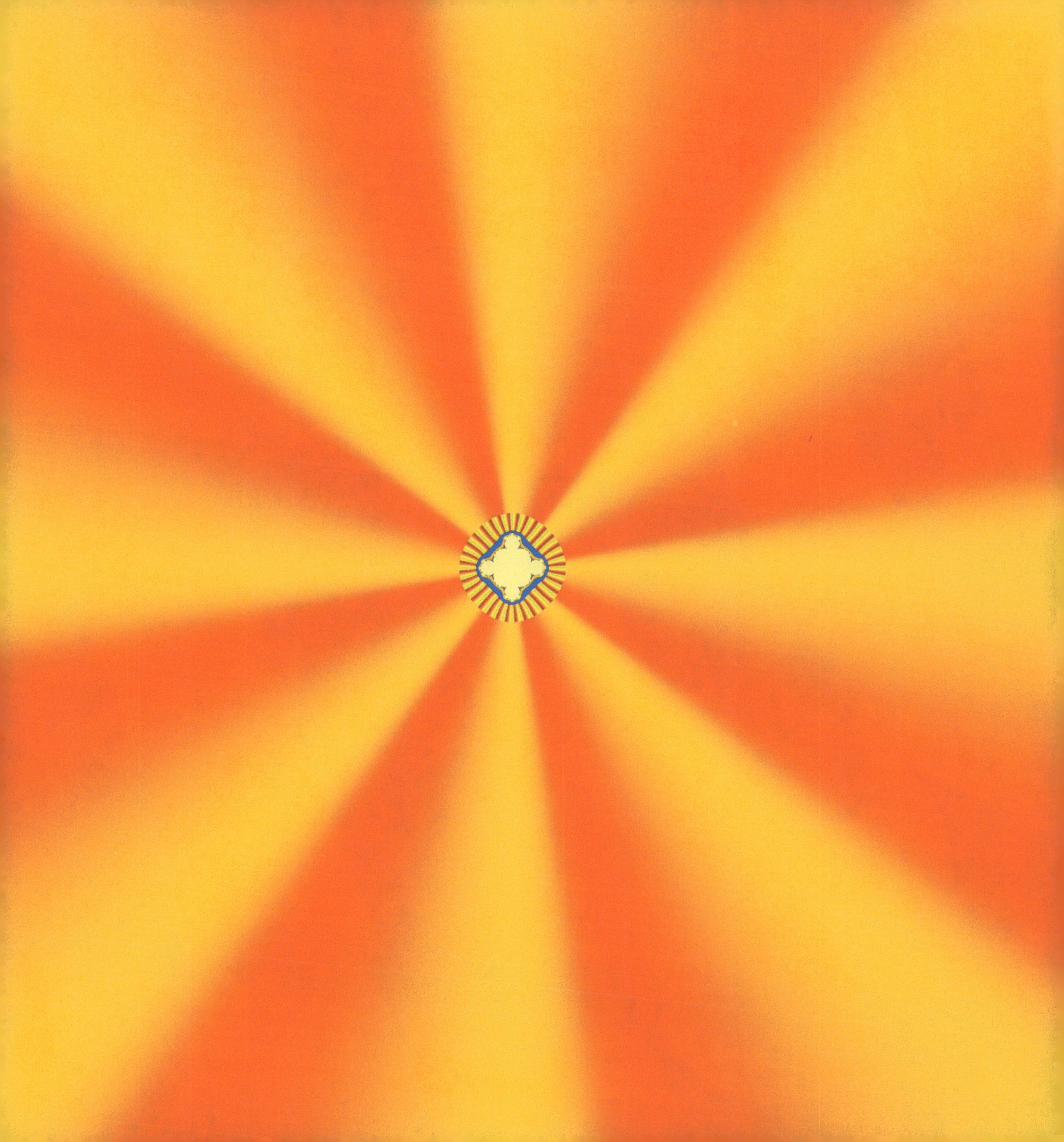

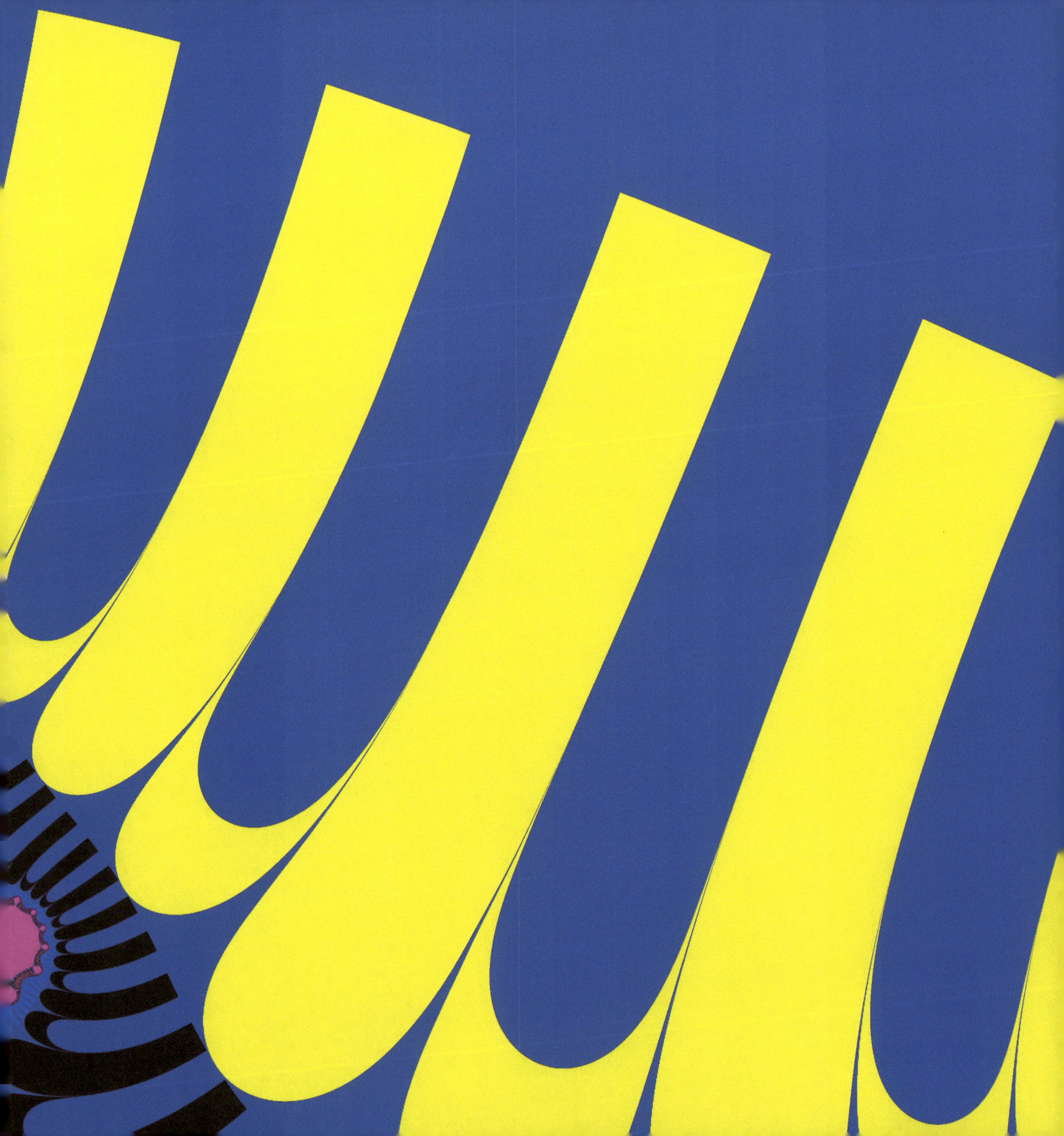

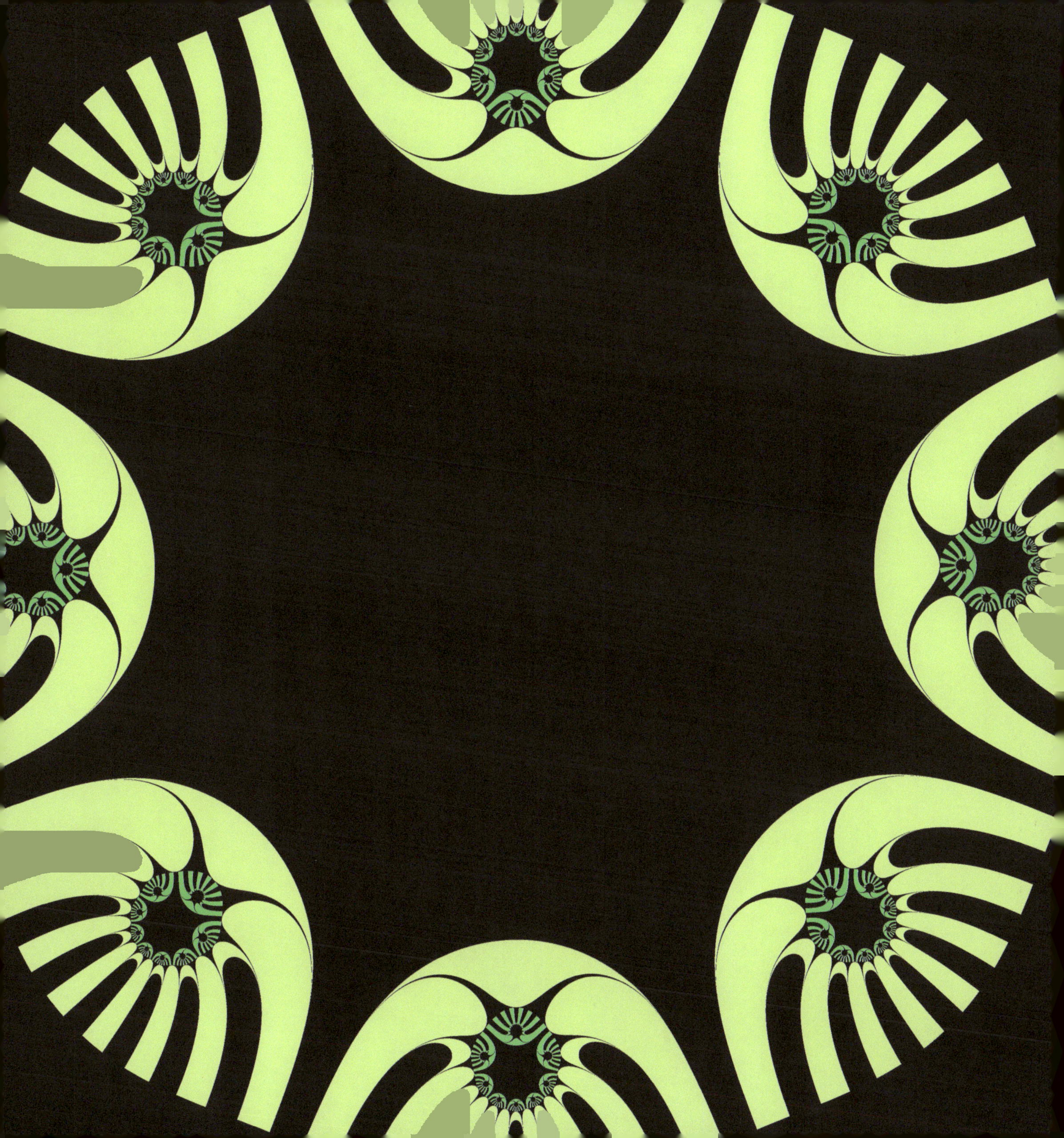

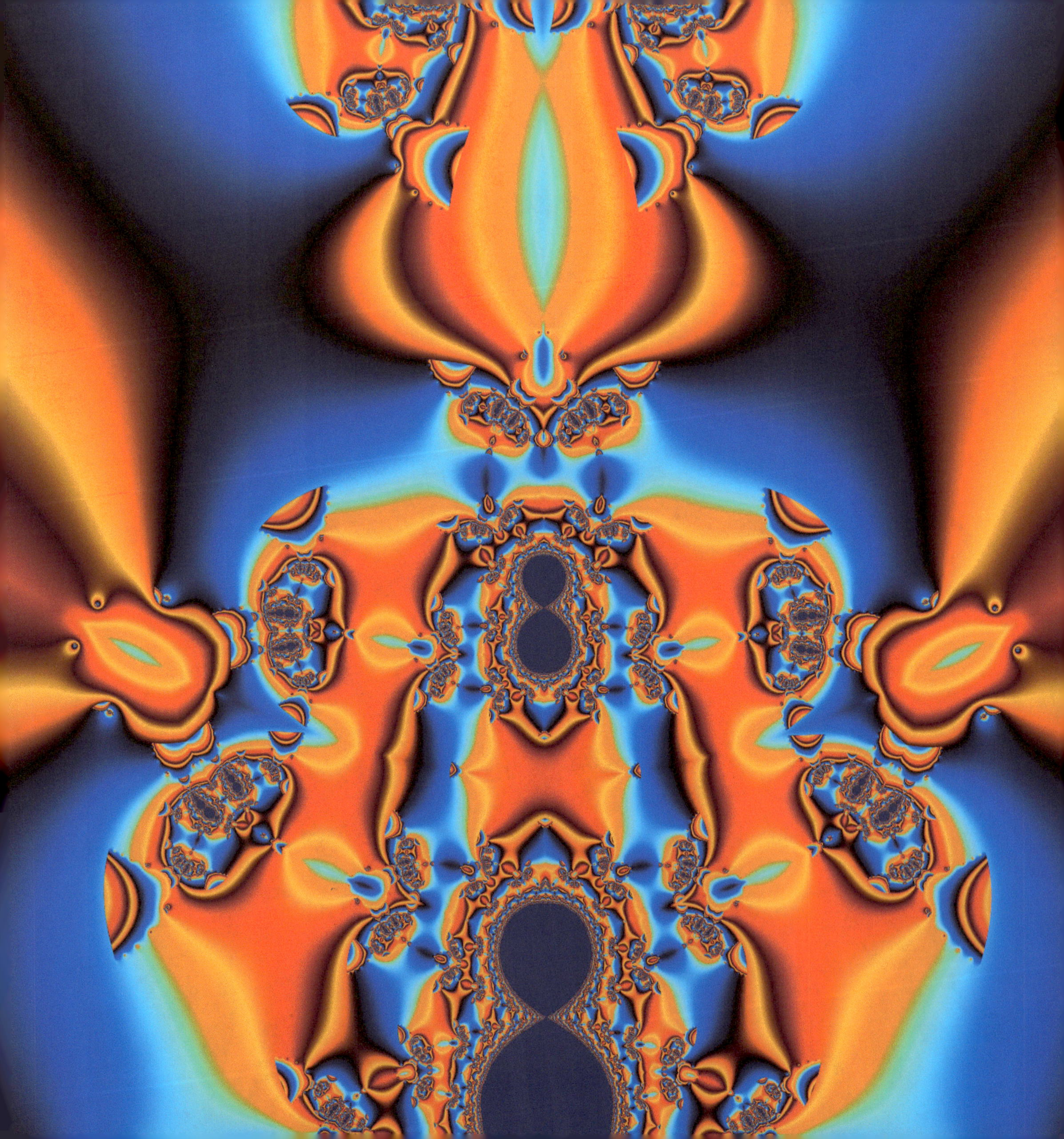

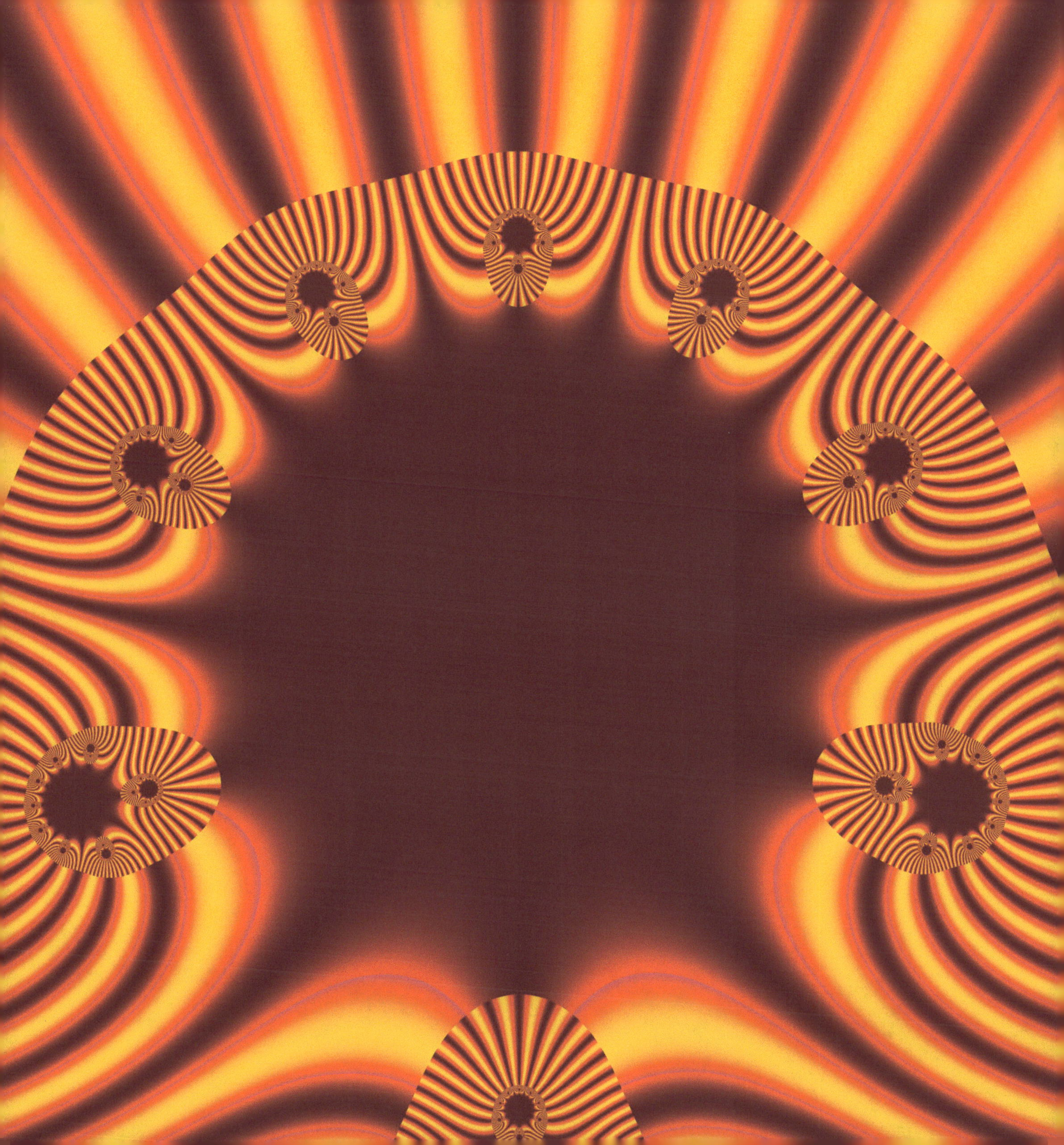

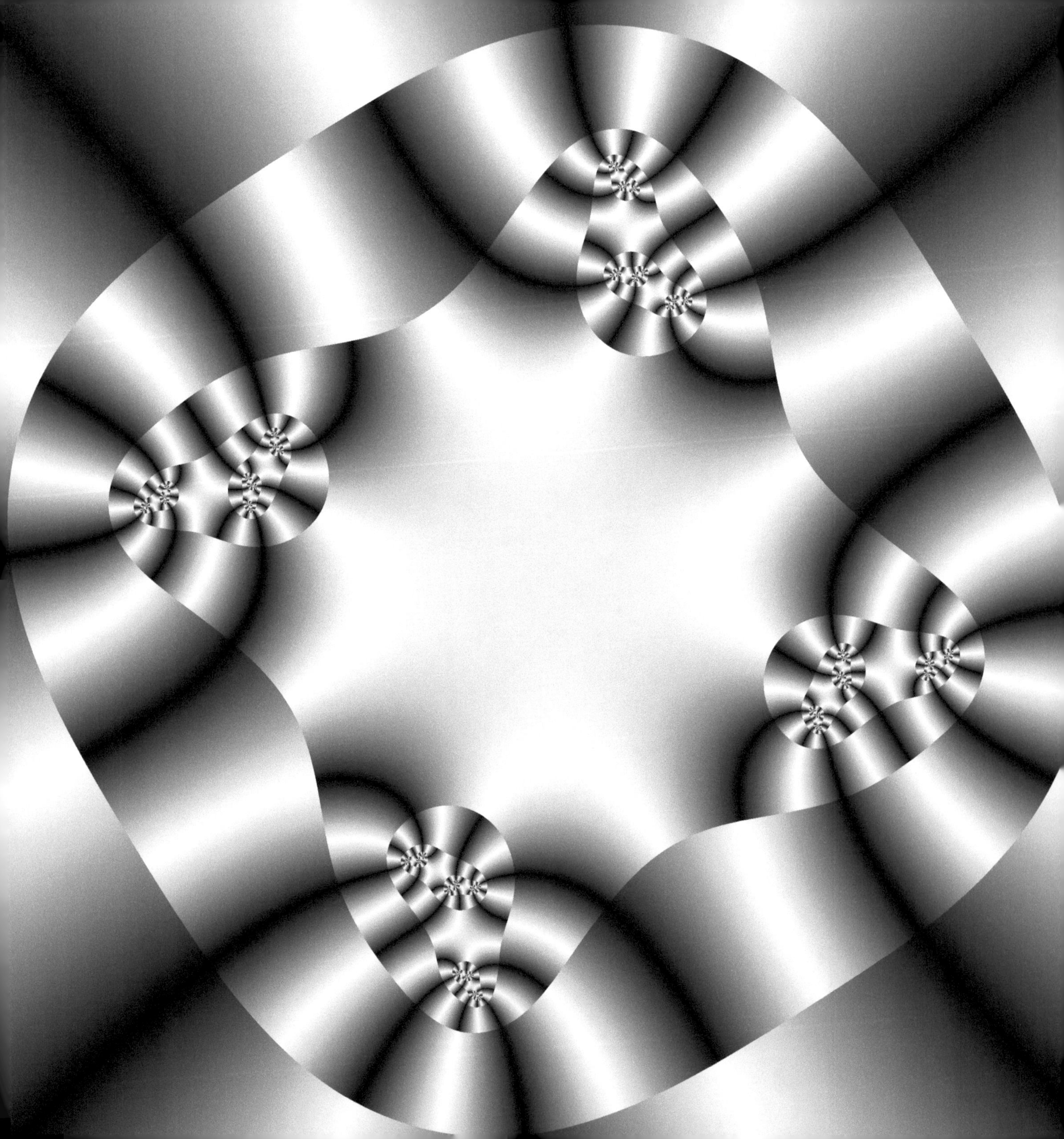

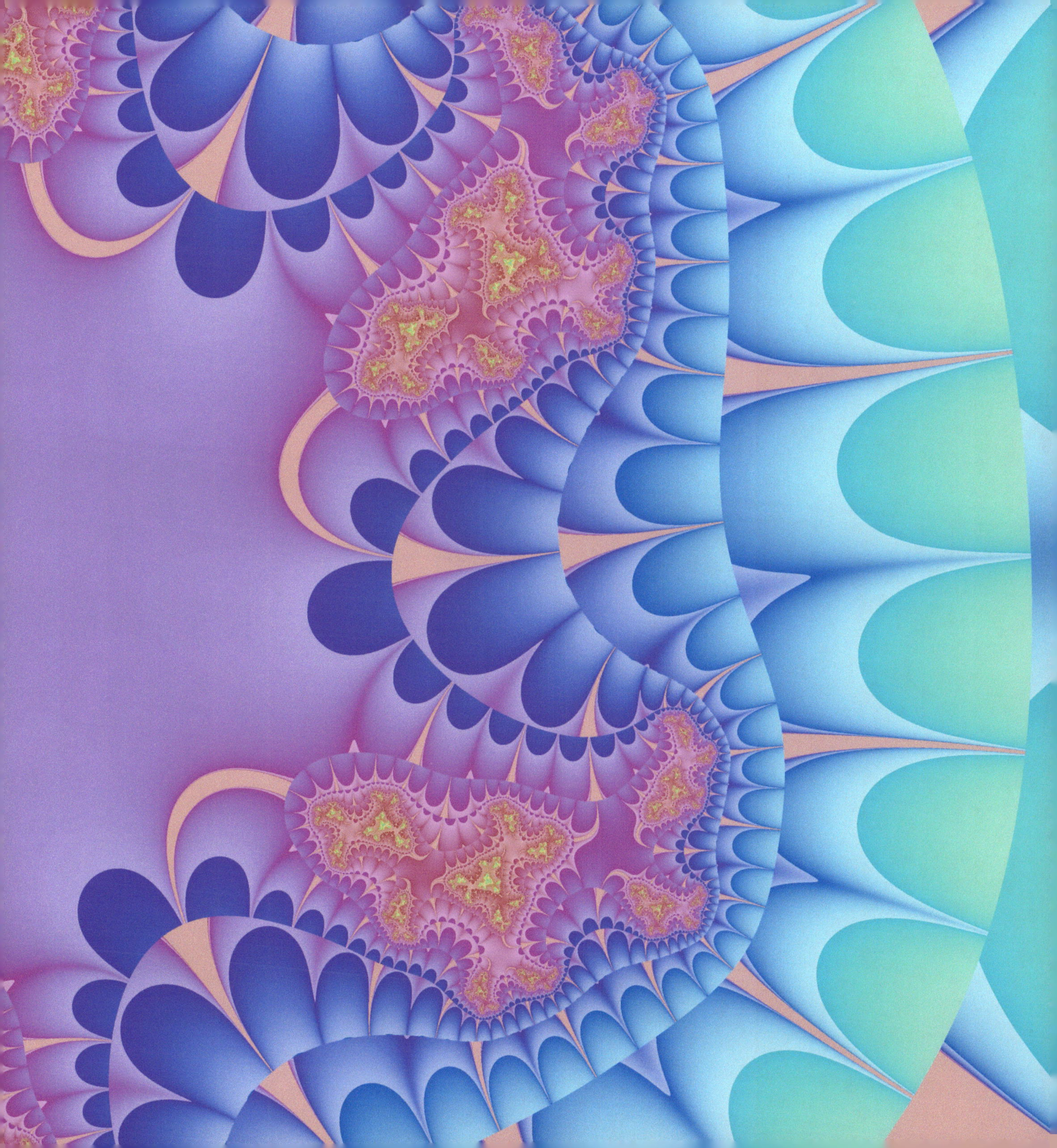

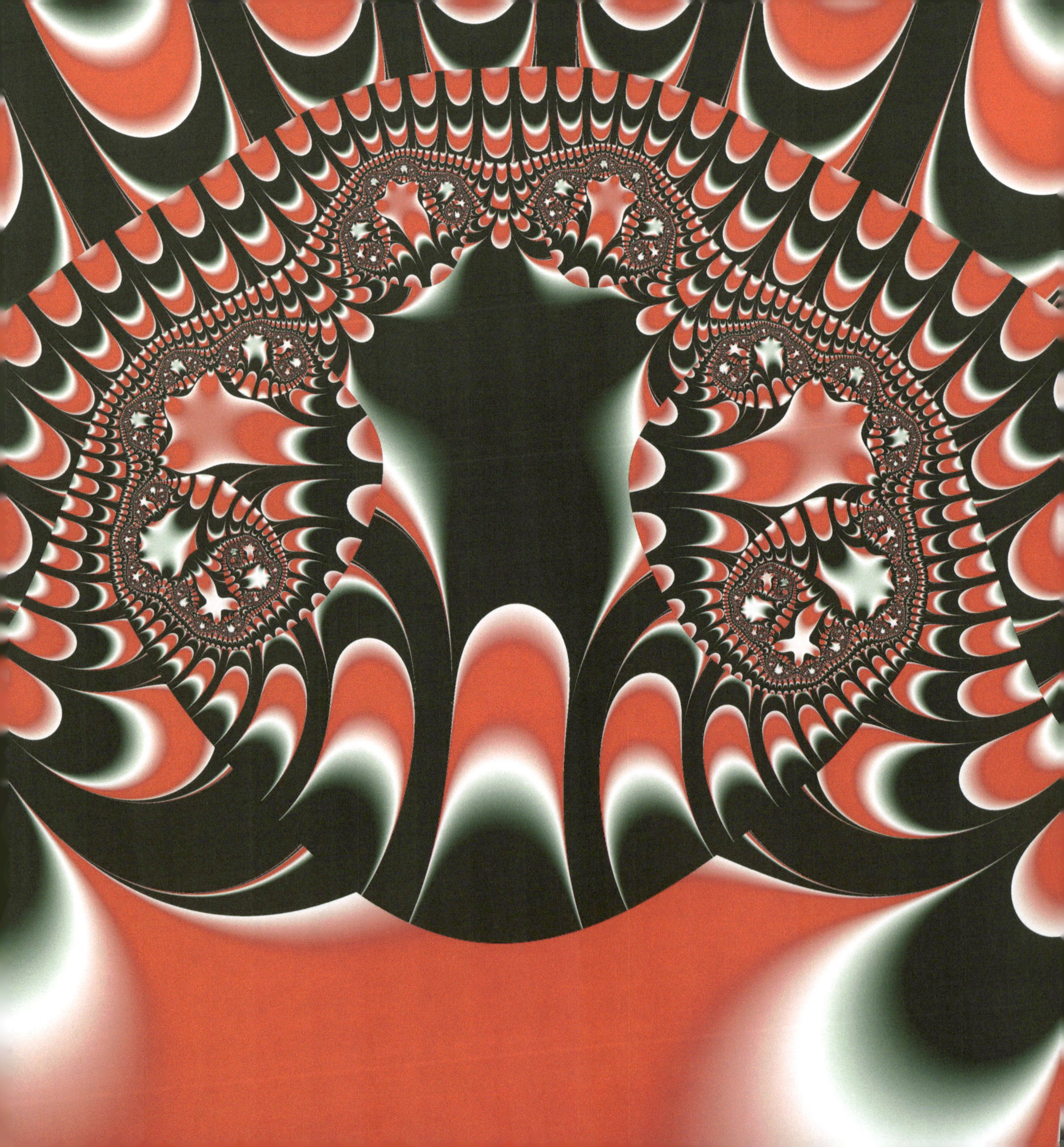

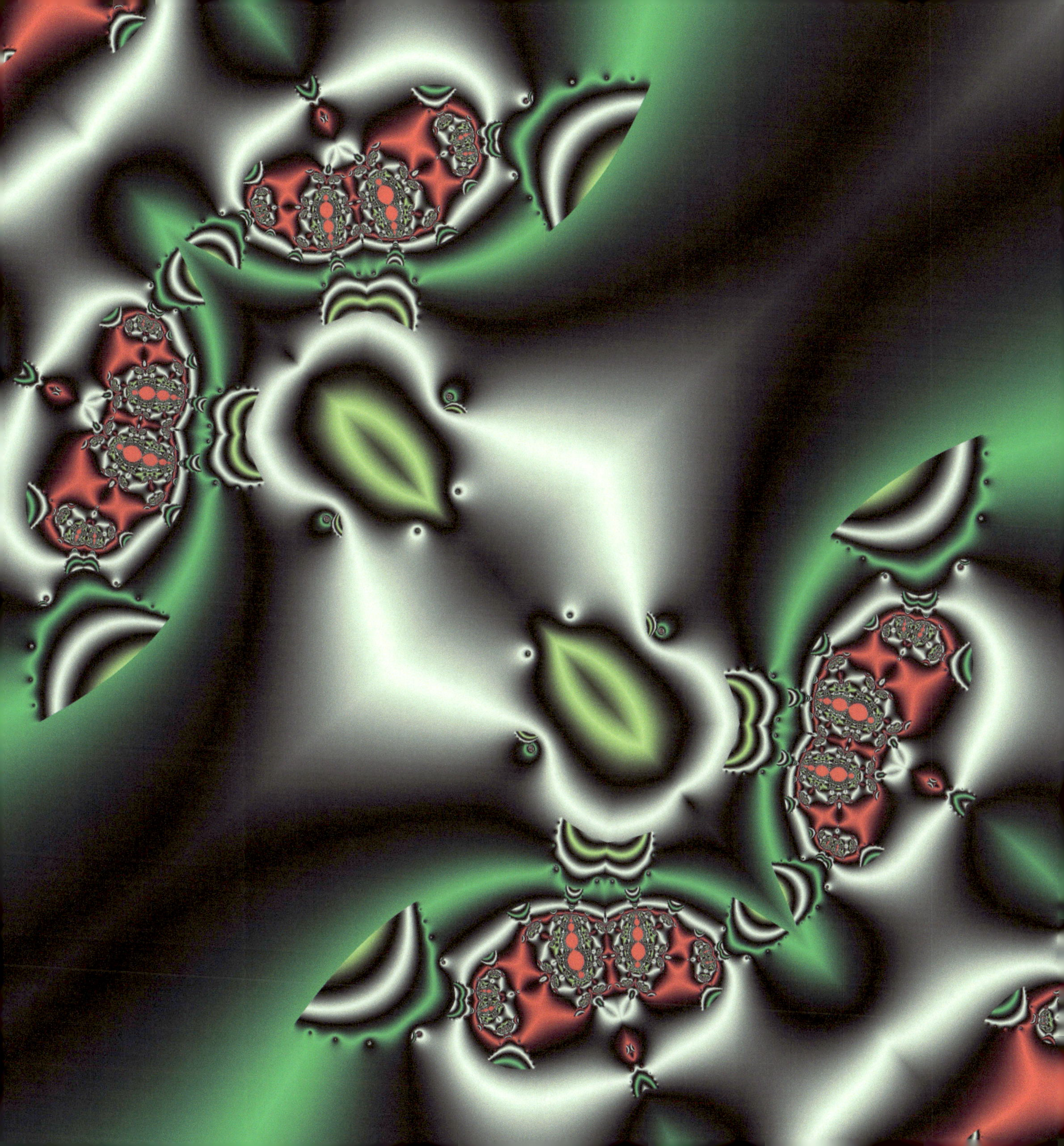

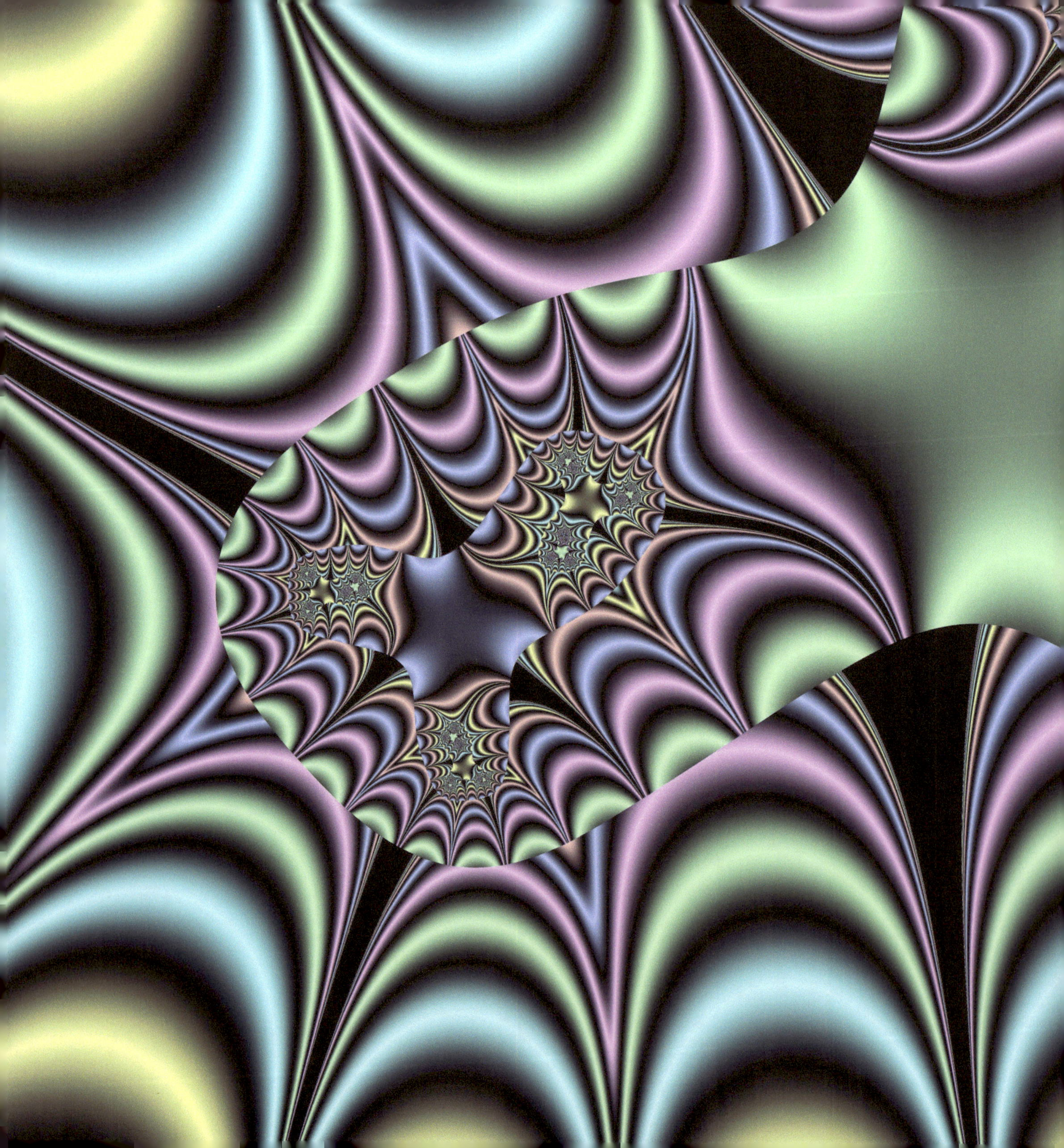

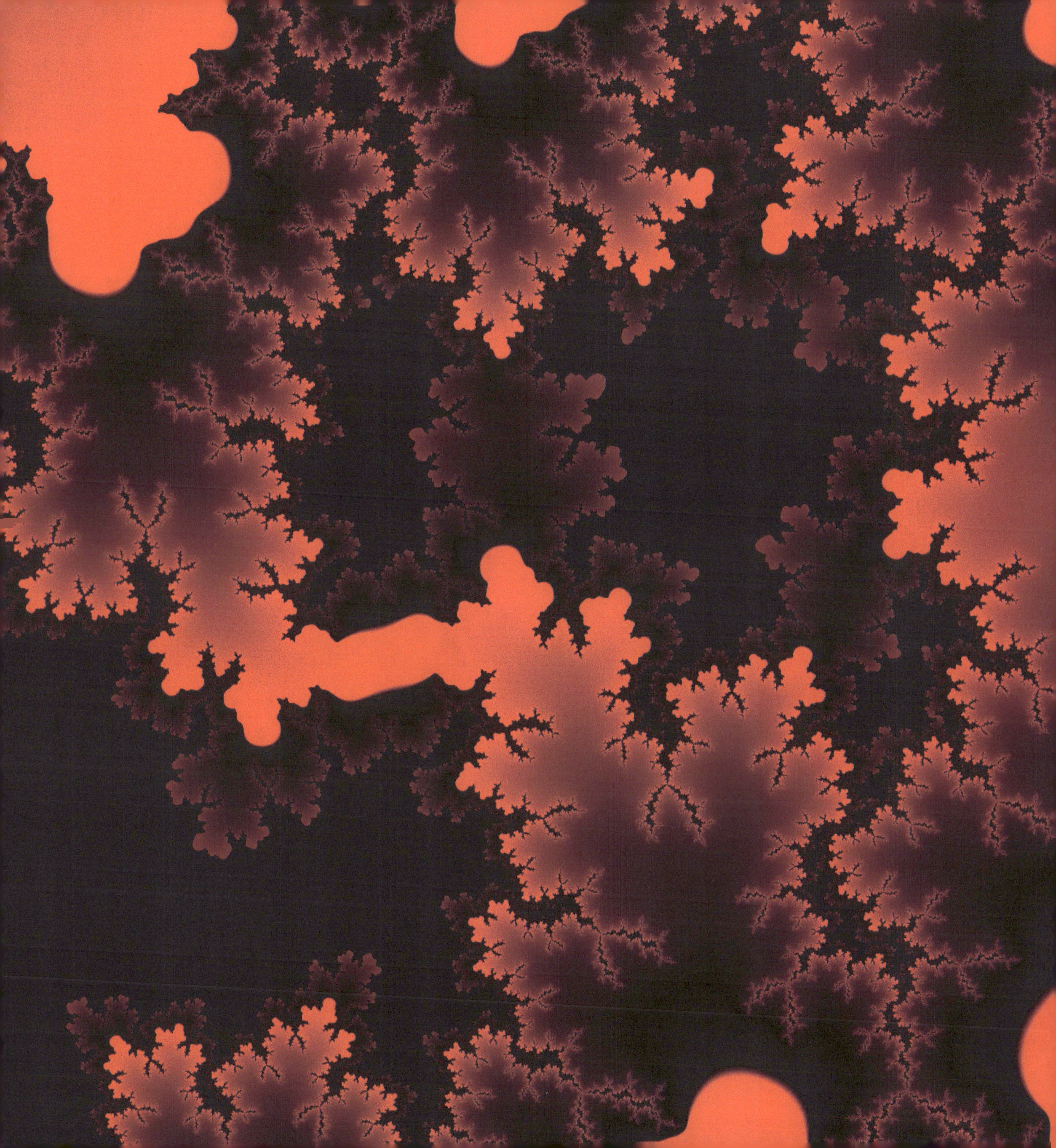

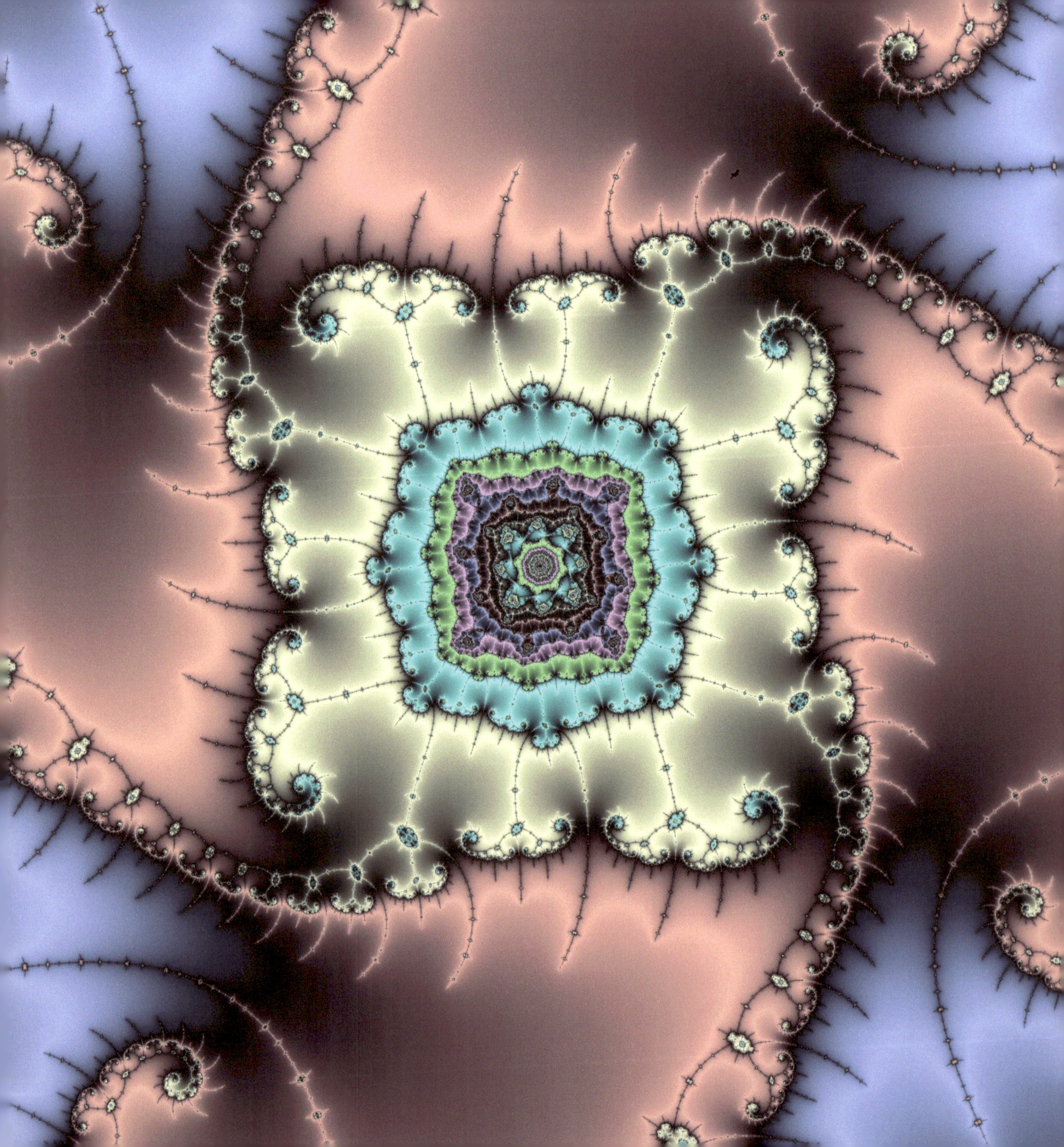

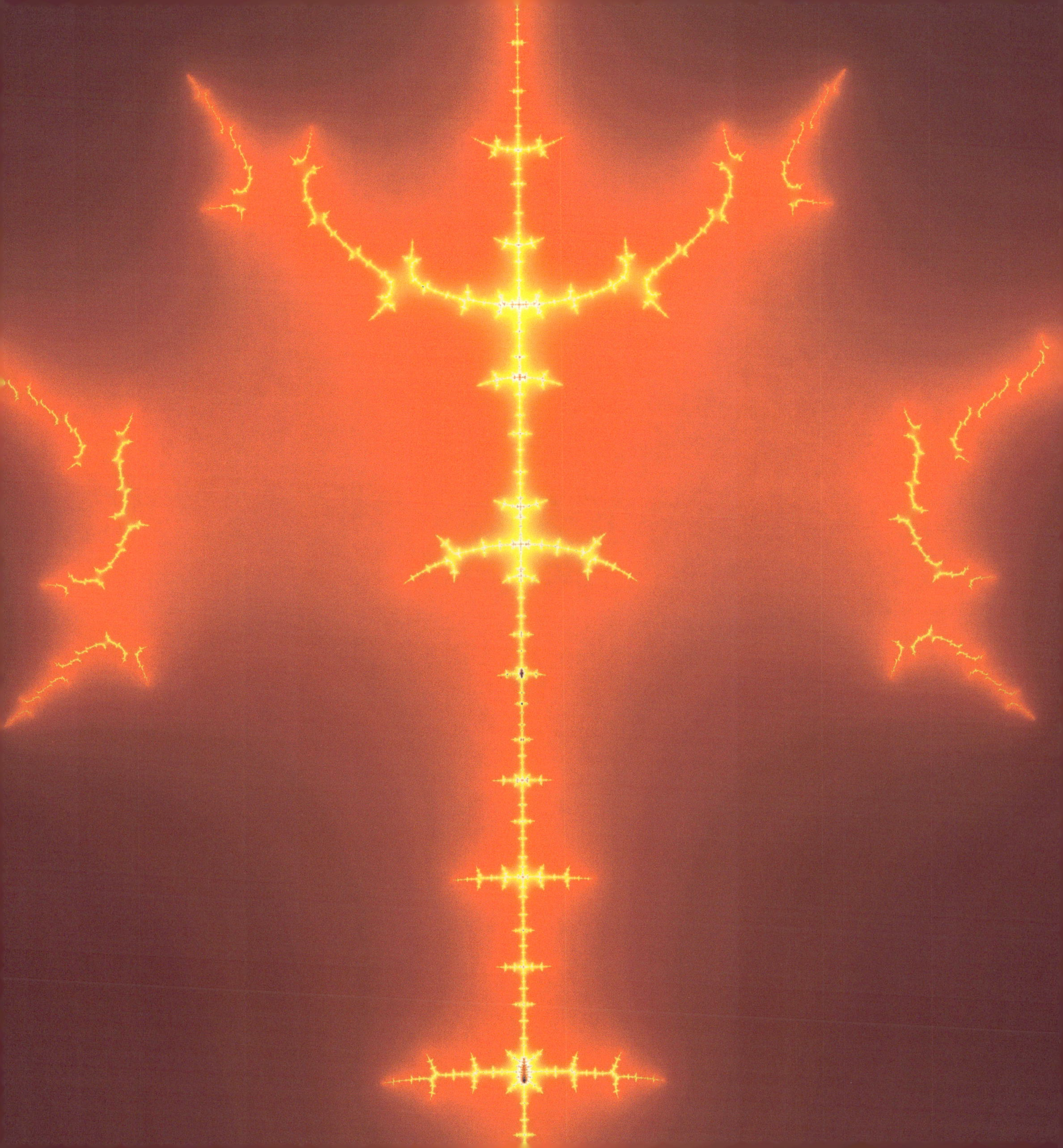

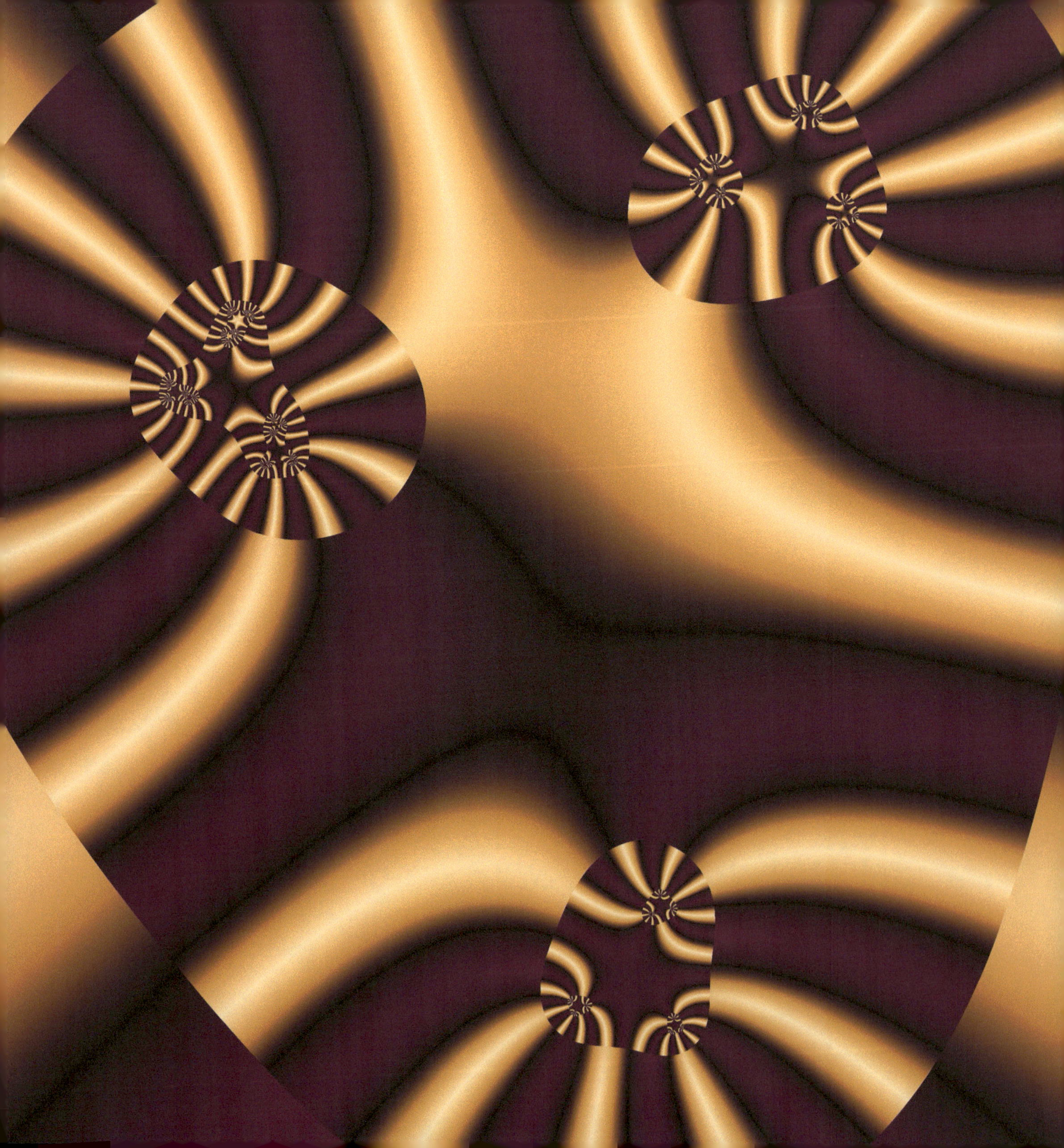

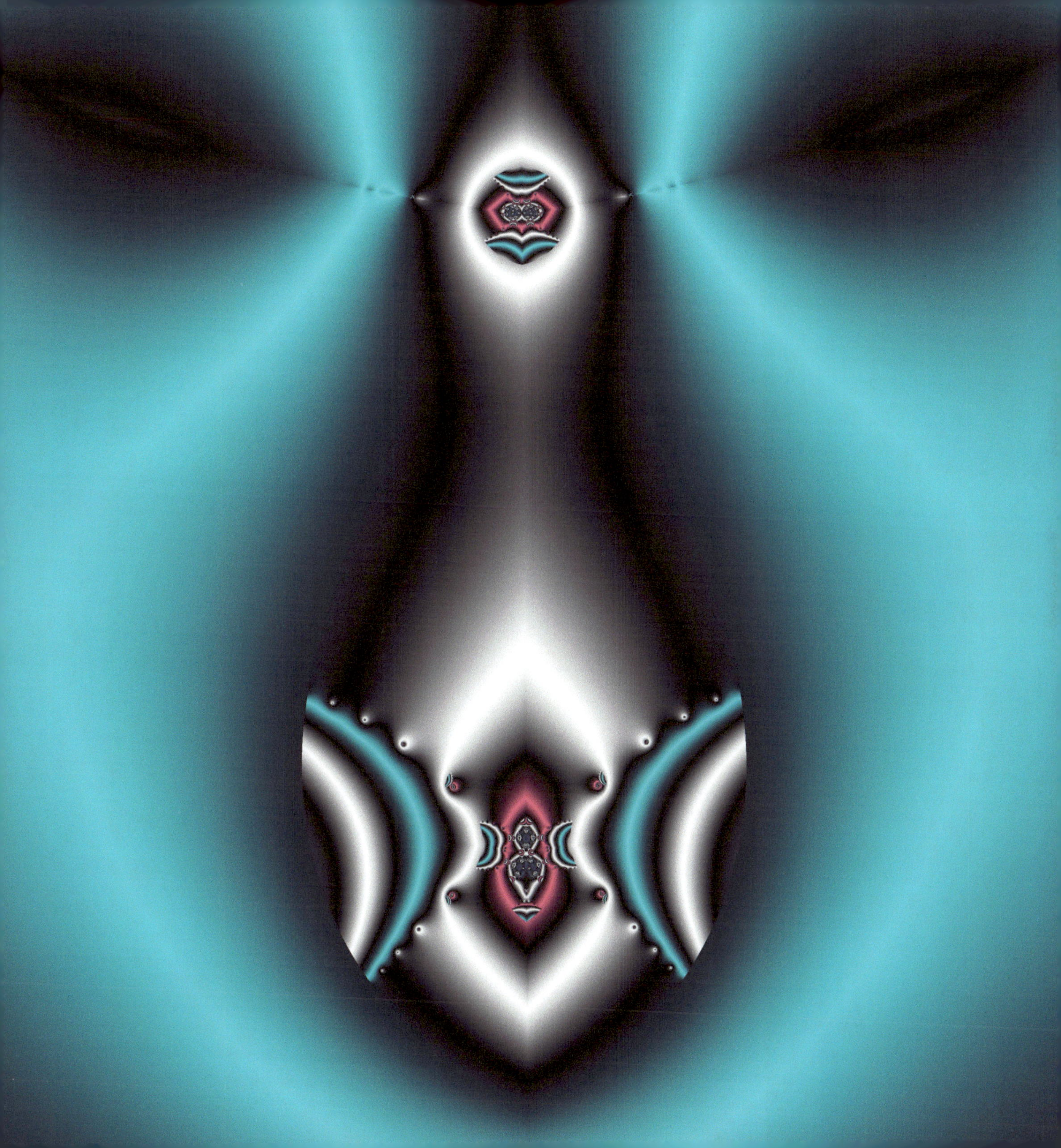

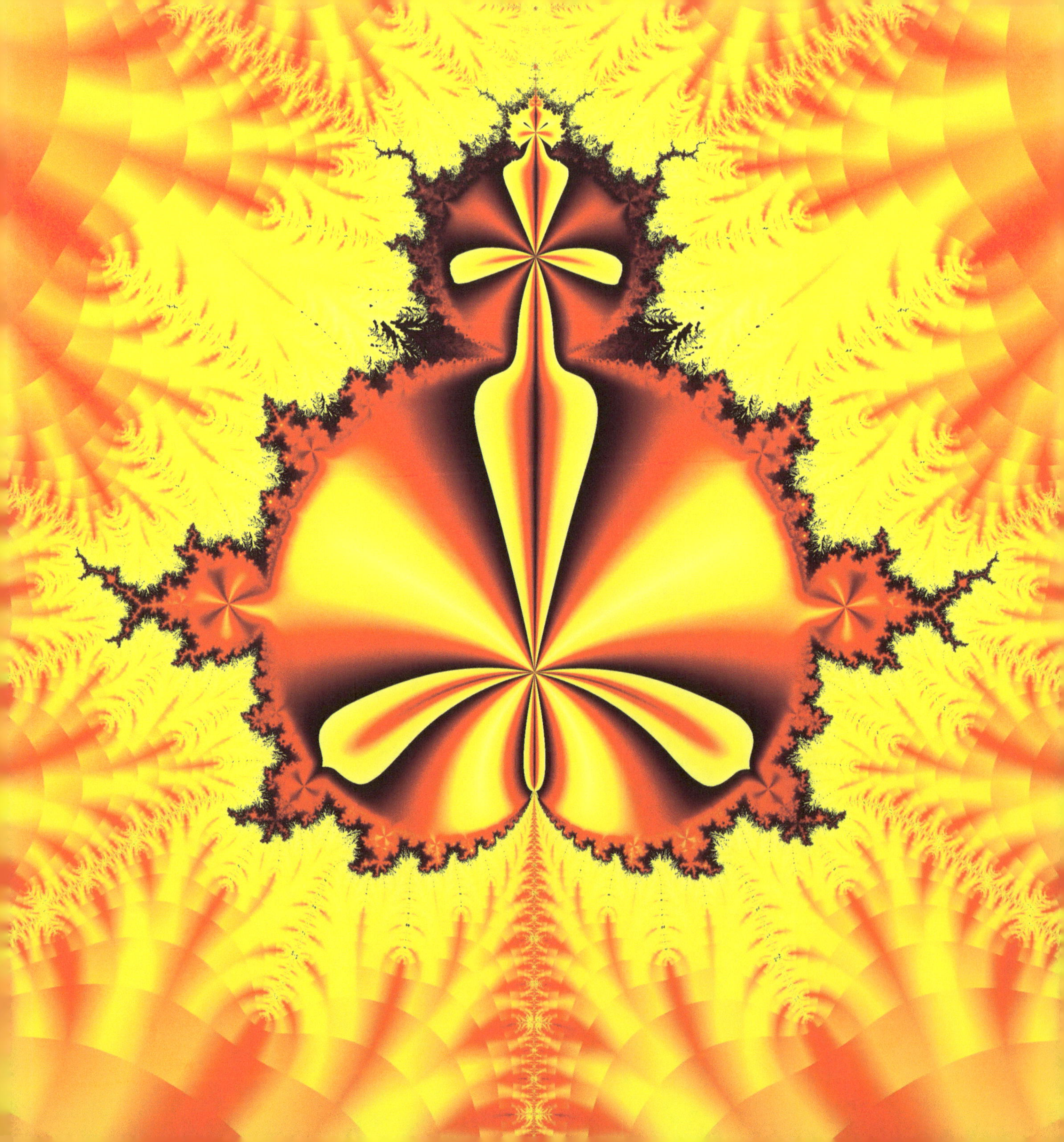

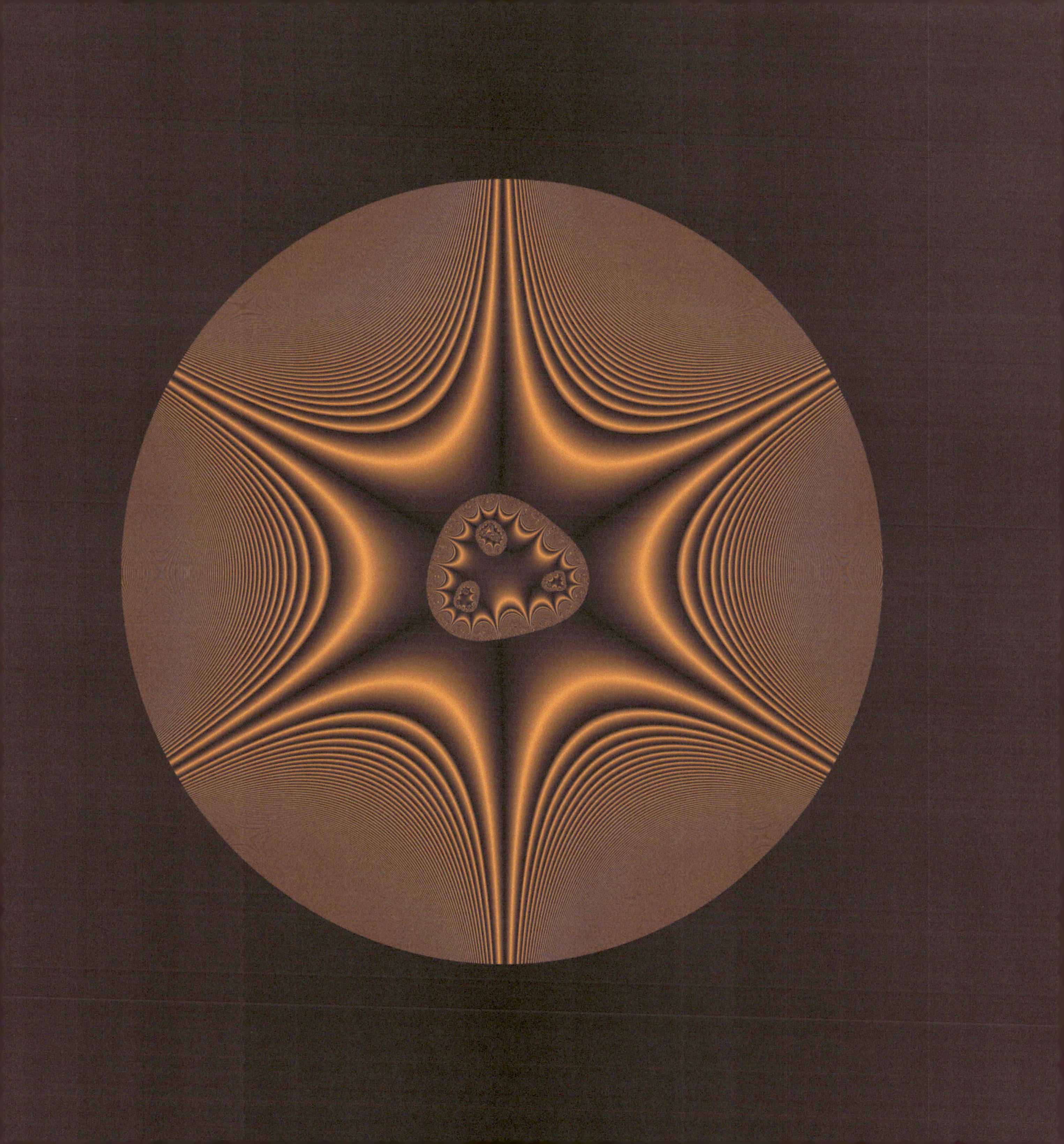

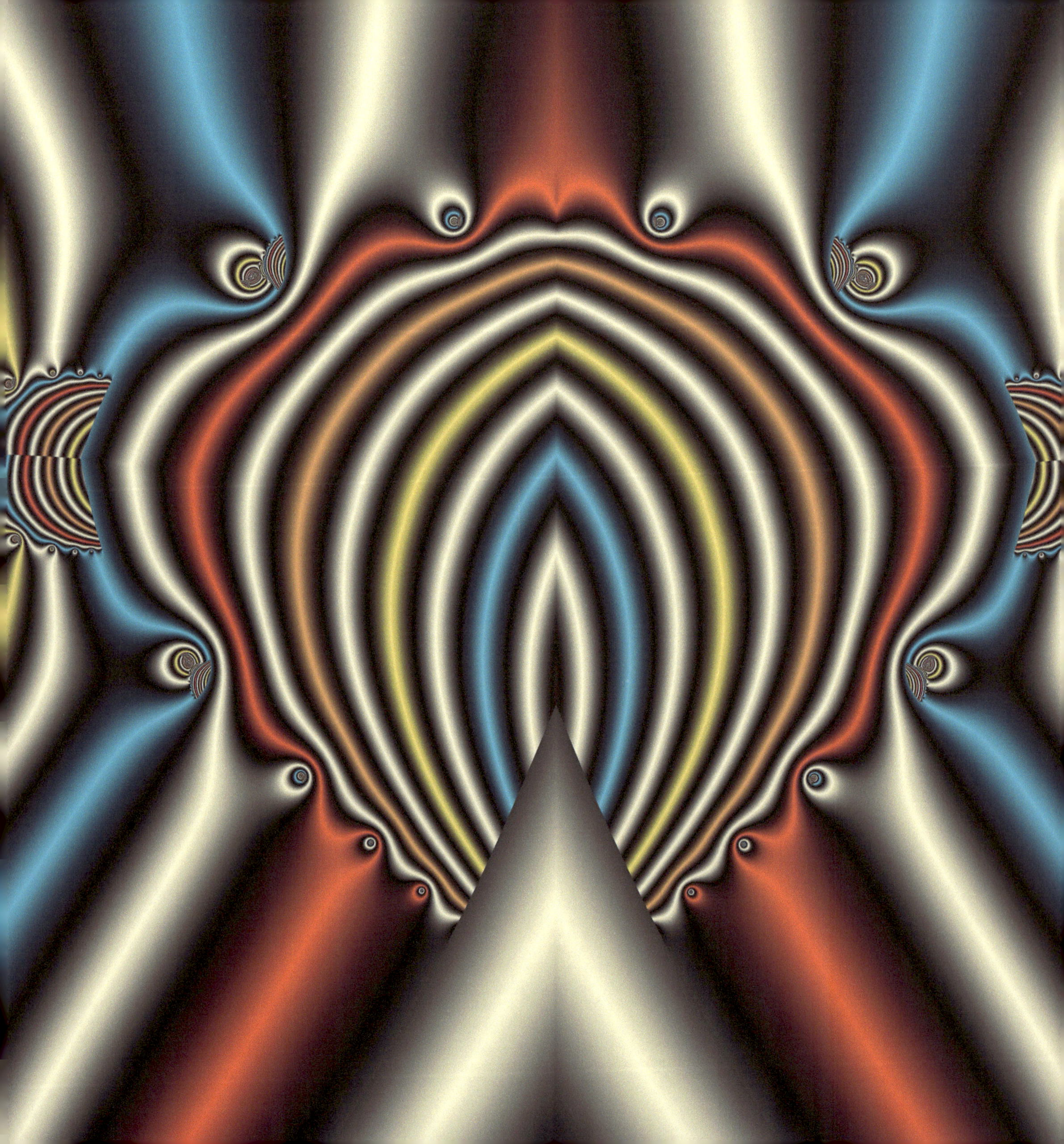

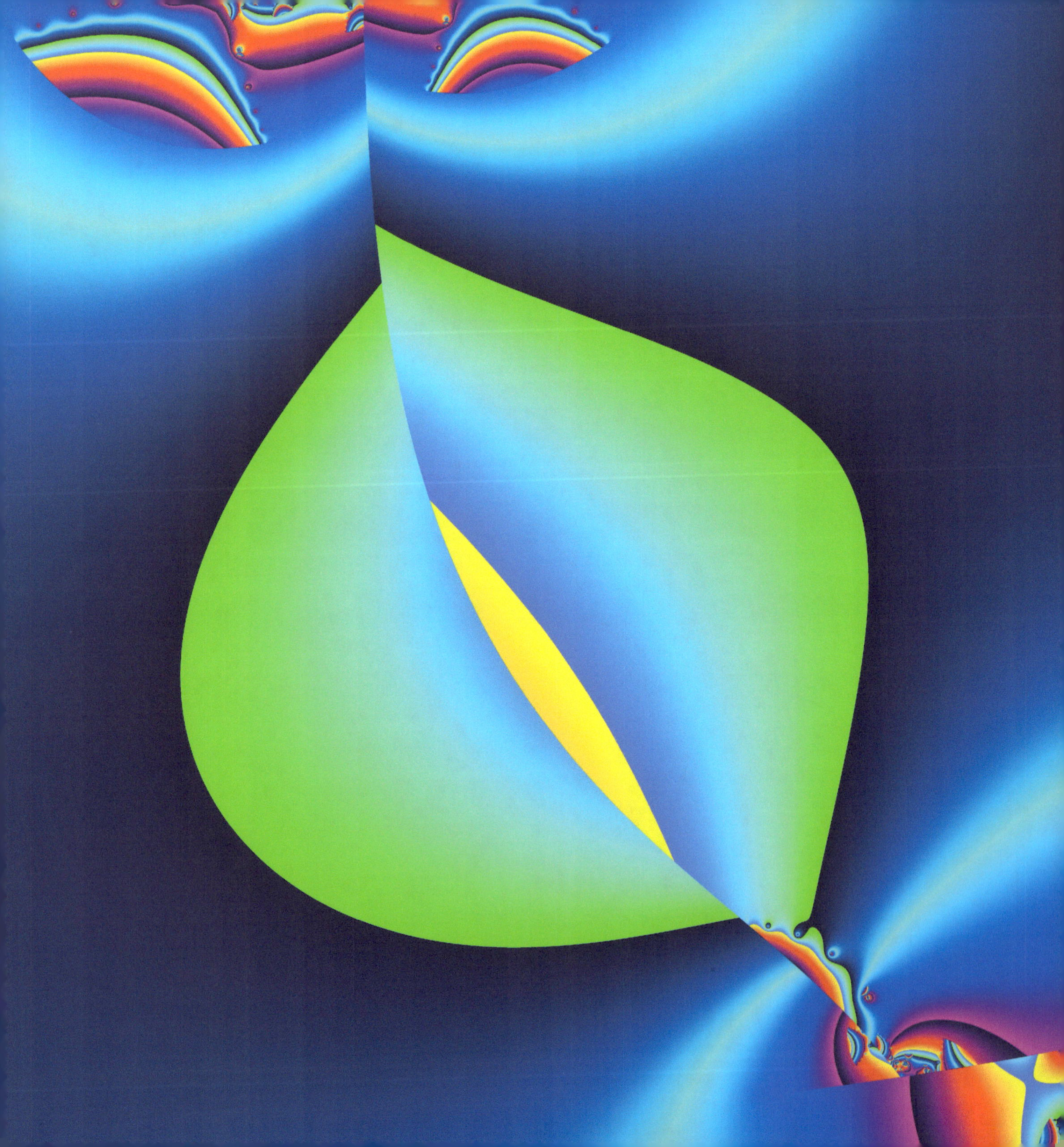

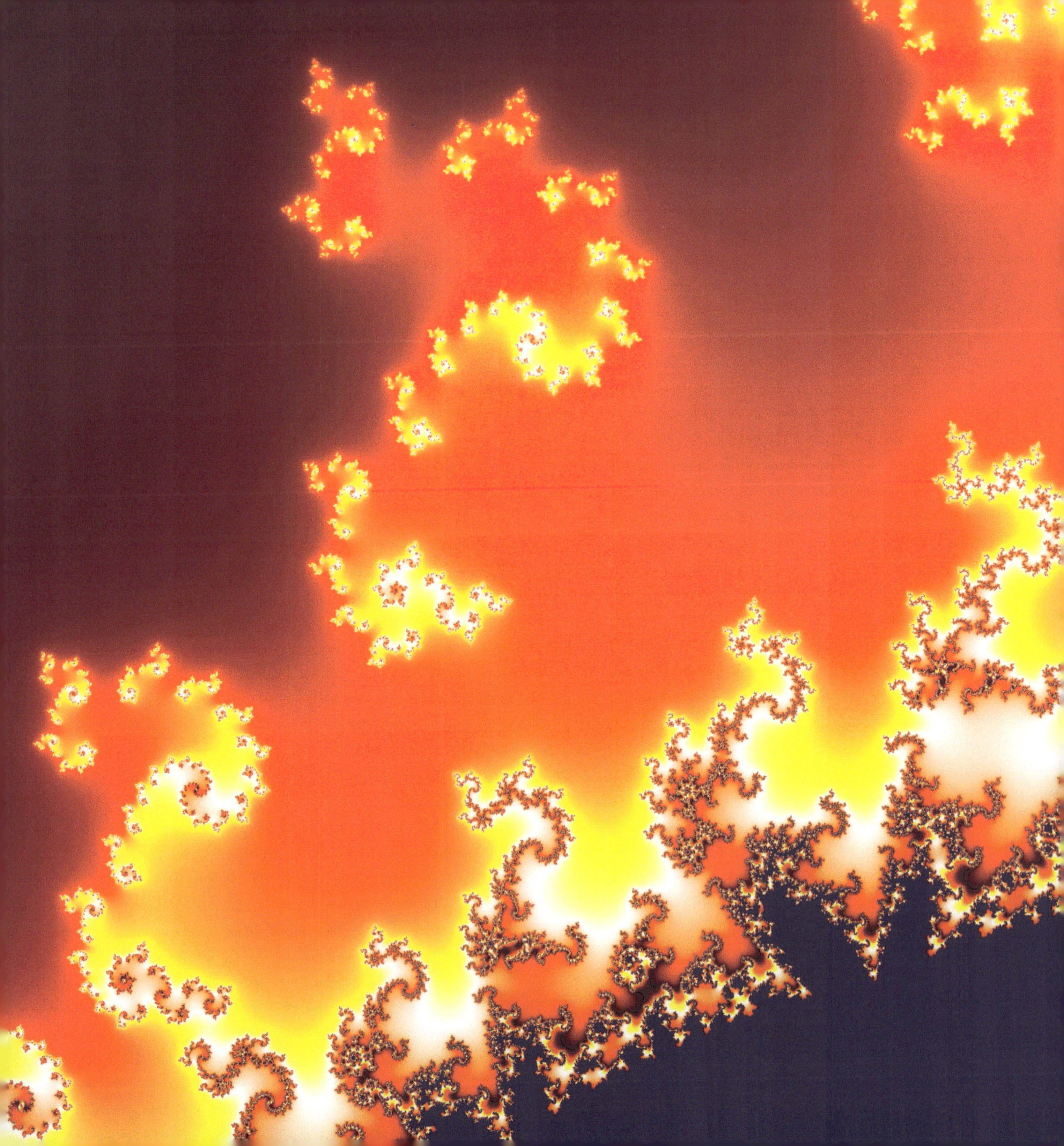

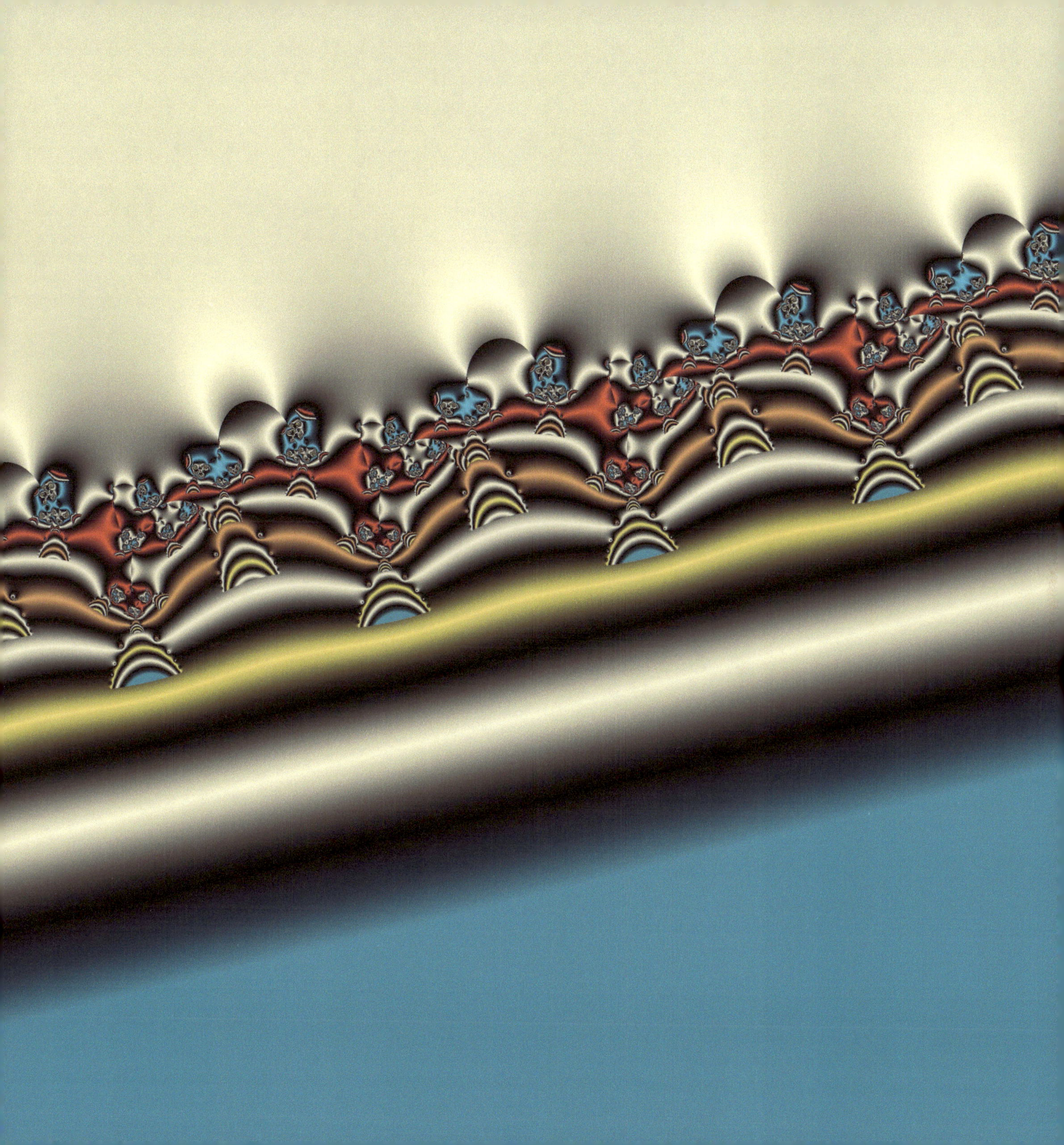

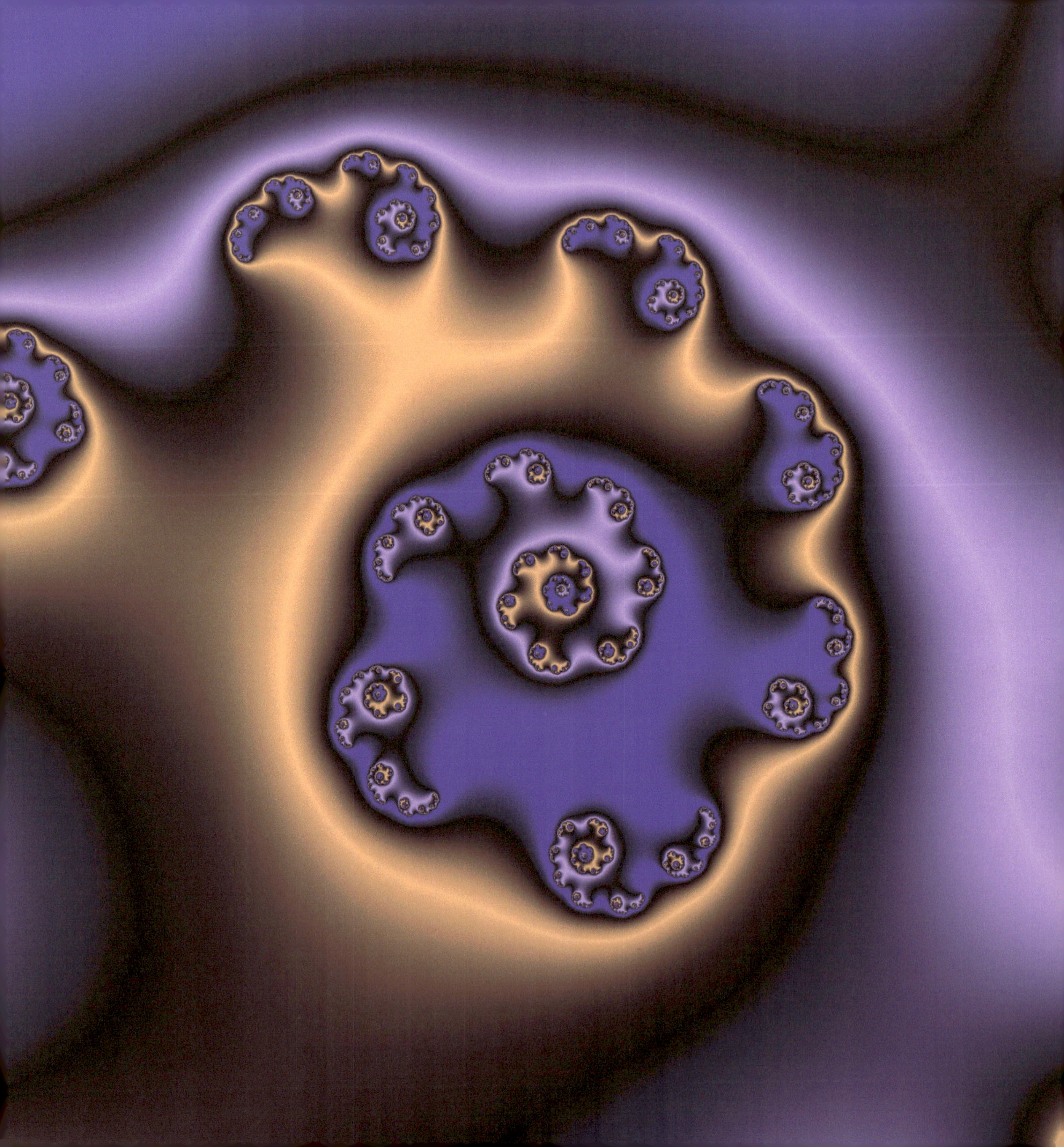

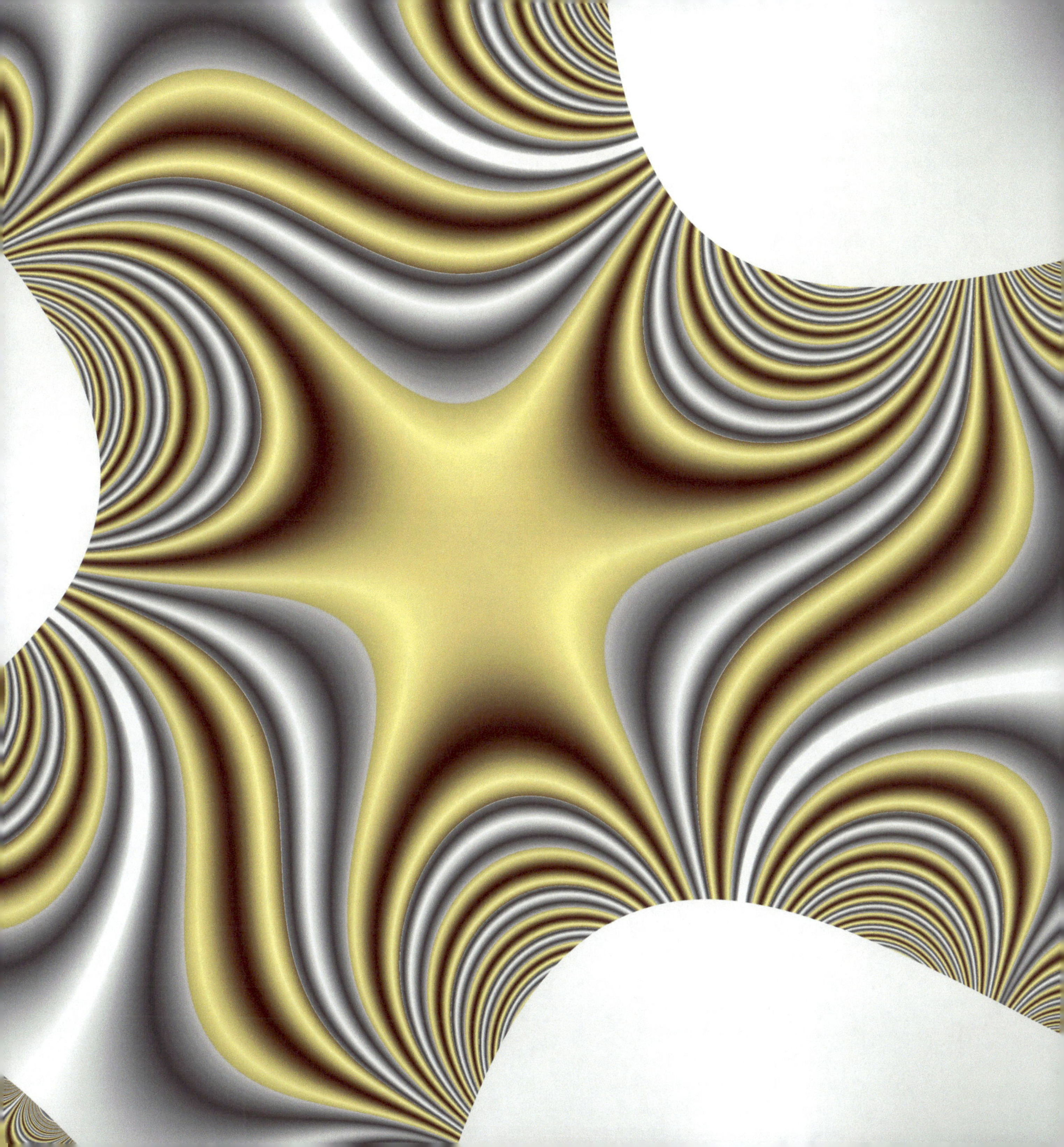

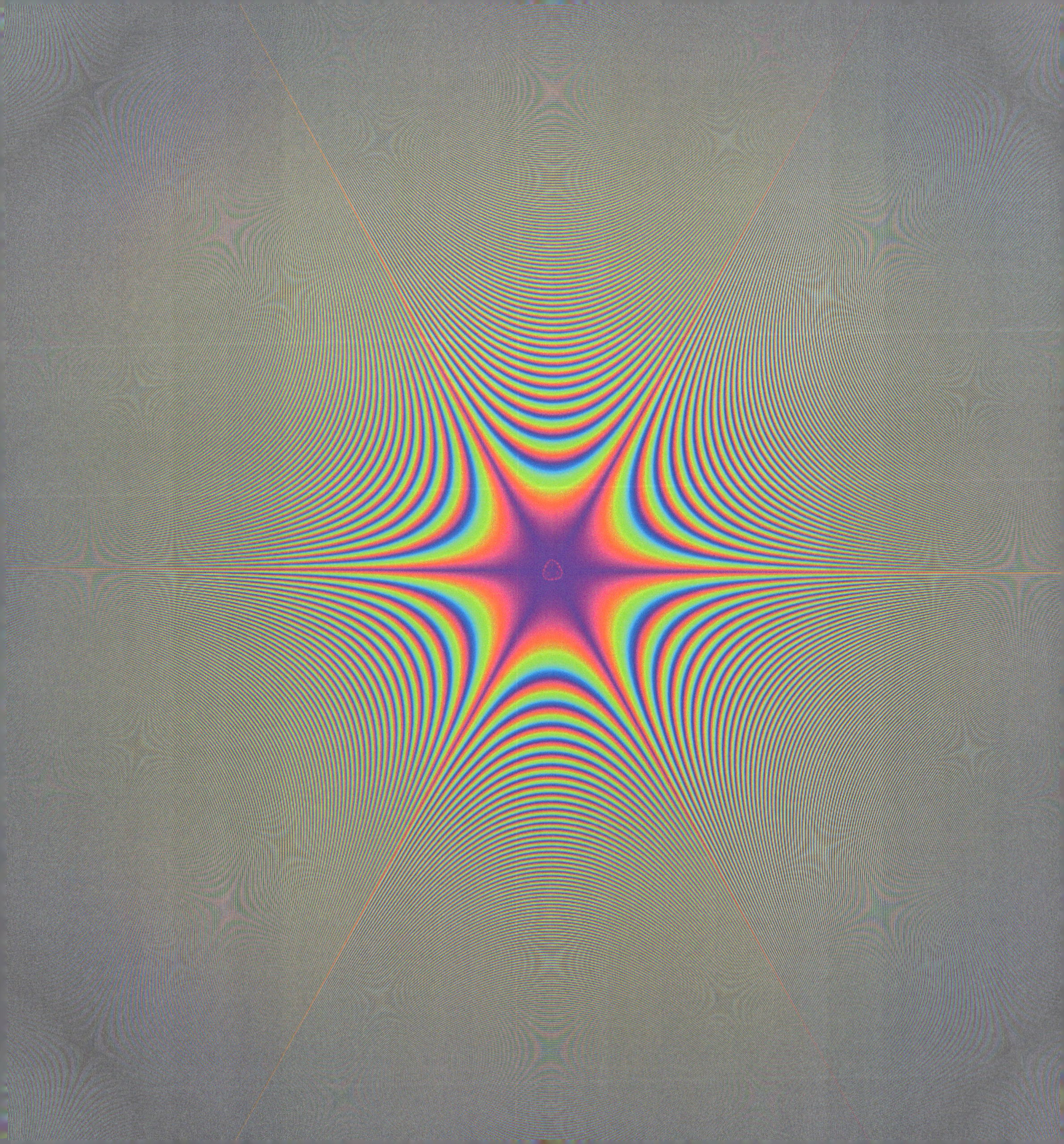

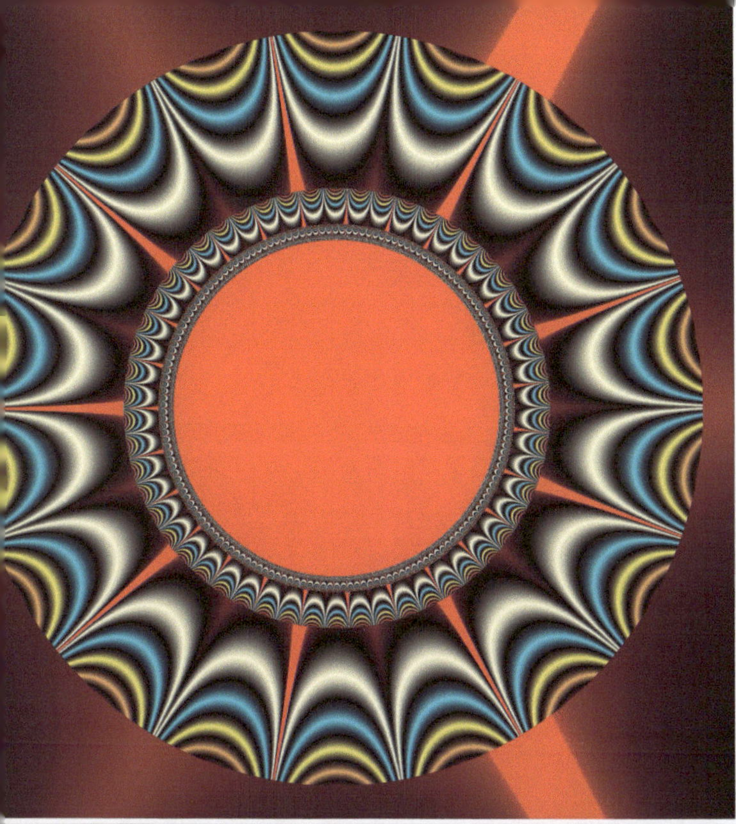
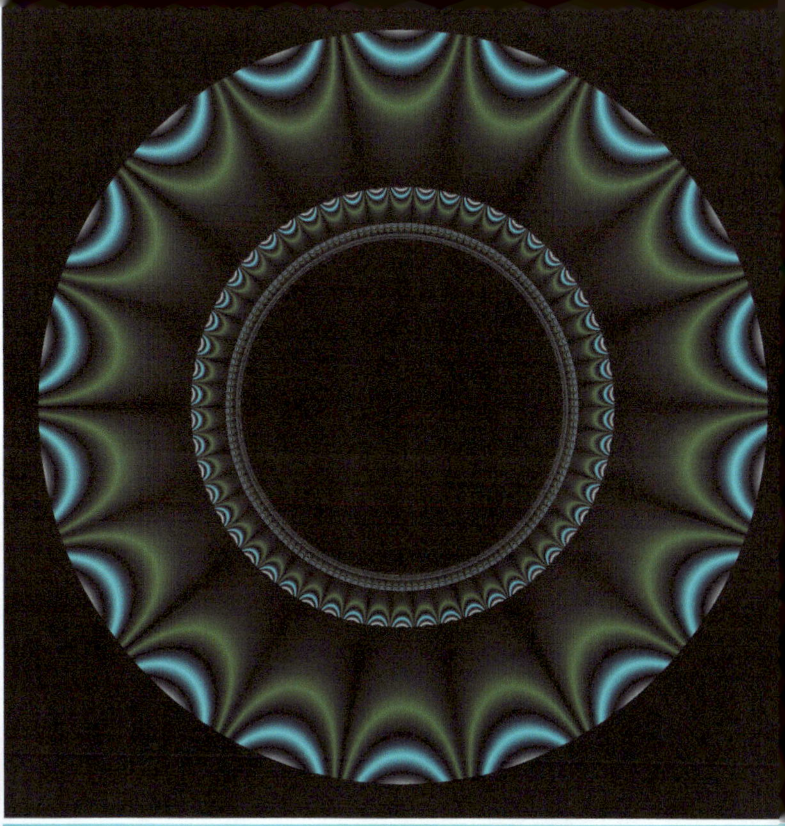
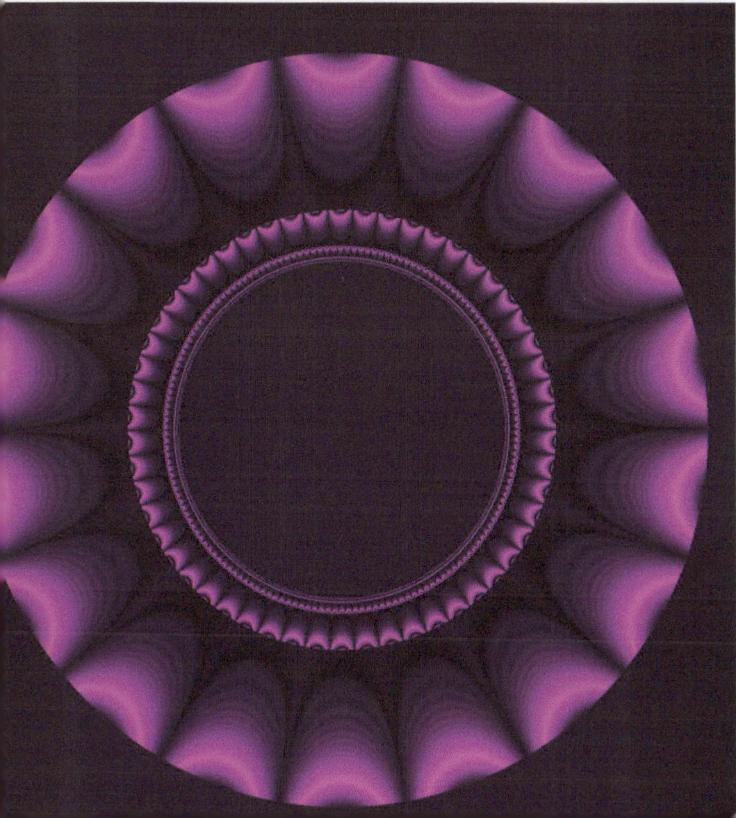
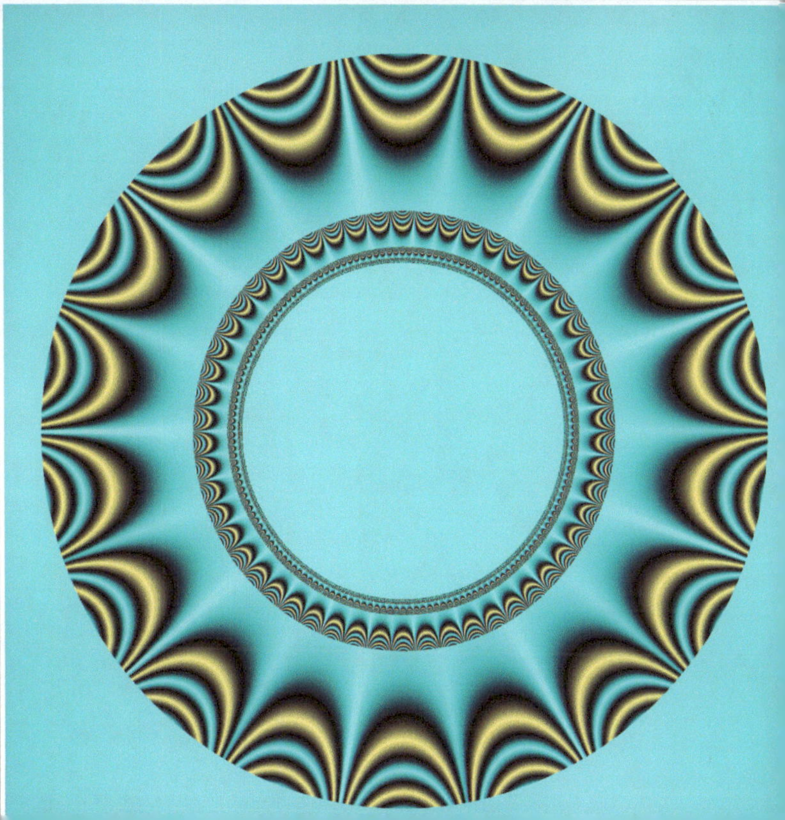

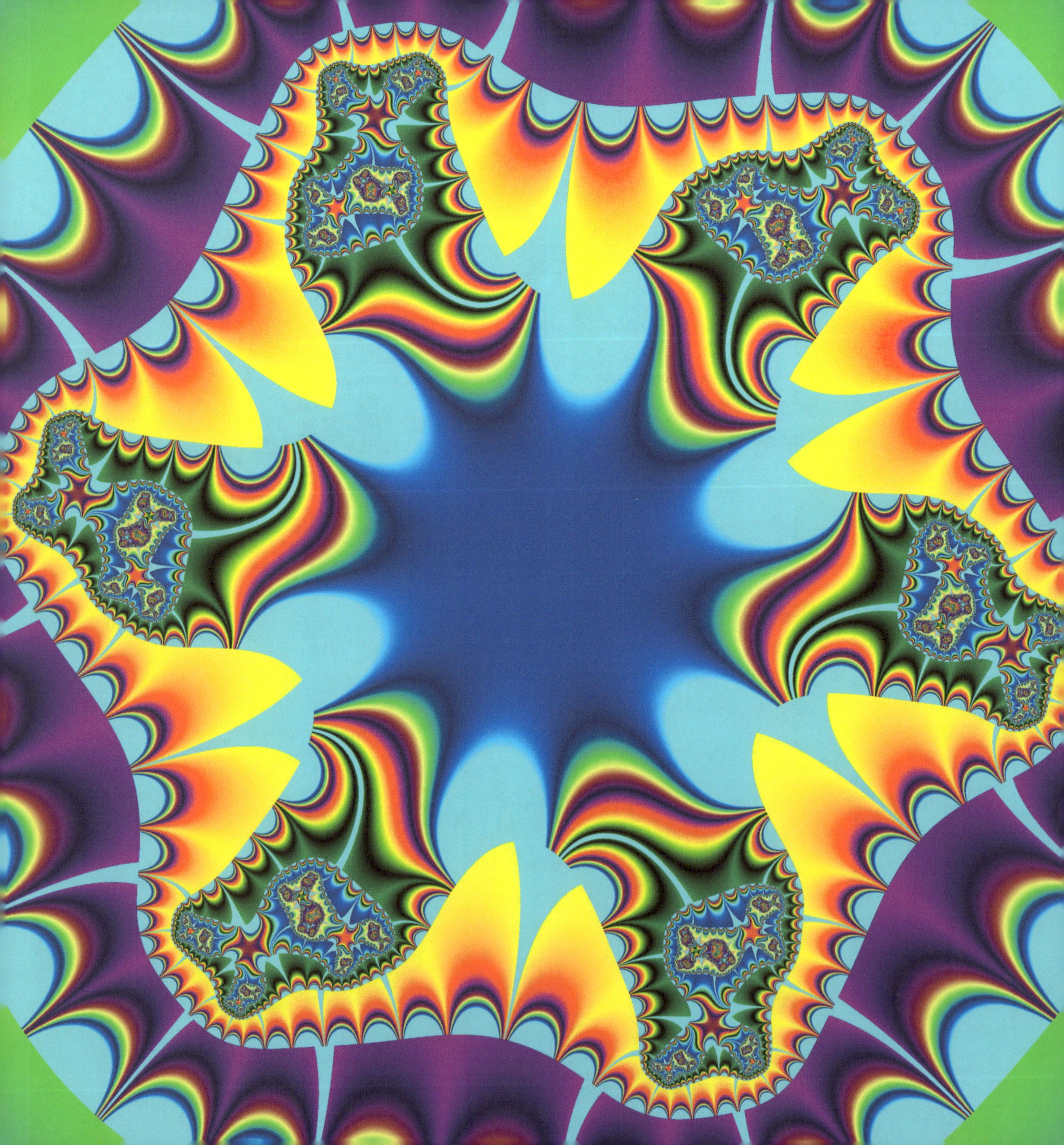

www.ingramcontent.com/pod-product-compliance
Lightning Source LLC
LaVergne TN
LVHW070930051026
849558LV00031B/482
9781632705334